U0312997

传媒艺术类
应用型本科教材

张彬◎主编
张岩　董芳　王姗姗　闫小宇　乔珊◎副主编

化妆基础素养教程

Makeup Fundamentals Course

中国国际广播出版社

前 言

随着我国高科技经济发展的趋势和影视行业的迅猛成长，人们的形象美学素养及审美潜能也不断被挖掘、提高。目前，从事化妆造型、服装设计、形象设计、形象管理等工作的人员数量逐年增加，但具备人物造型综合实力的专业人才较为短缺。需要高品质服务的个人客户、影视录制和拍摄项目越来越多，但具备高品质、高素养、高学历、高技能的专业人才不多。

据调研，近年来出自高校专业研究的形象造型基础类书籍近乎空白，也可以说很少有专业院校的教师进行形象造型基础方面的书籍编写。大多数书籍的内容是时尚行业的化妆师个人或团体的成功造型案例集，而对专业人物化妆师的素质培养与教育则严重不足，这是当今该专业人才培养的一大短板。因此，编写一本满足高等艺术类院校、职业类或技能类化妆造型专业基础人才培养的书籍刻不容缓。

本书将形象教练的教育模式融入传统教学方式，内容包括从内及外的美学塑造及培养、化妆类综合知识与技能、应对变化及挑战、个人专业认知系统的建立等几方面，目的是培养化妆造型专业人才应具备的艺术功底与刻意练习意识，使之注重专业人群美学综合素养的提升与发展，明确造型目标、现状，学会制定实质性的化妆造型方案，并采取更有效的行动来打造各类艺术作品。

本书以提升美学基础素养为出发点，以培养出高素质、高技能的应用型化妆造型人才为目标，为不断向社会输送专业化妆造型综合人才而努力。

张　彬

2024 年 8 月

目　录

理论篇

技能篇

实战篇

理论篇

第一章　化妆造型的基础知识

形象教练提问

教学目标：什么是“化妆”，为什么不是“画妆”？

教学现状：我们为什么要学习化妆？化妆的意义与价值是什么？

教学方案：化妆能否给人类的创新带来更多的可能性？

教学行动：“化妆”是一个动词，我们如何获取这份动力？

第一节　化妆的概念、原则、目的及意义

一、化妆的概念

为什么是“化妆”而不是“画妆”呢？“化”有显化、内化的含义，蕴含着一个人若想显外必先修内的哲学思考，即想要化好妆，是否必先学做人呢？化是为了修炼我们的本性、净化我们的心灵、提高我们的审美素养，让我们从外表“妆容”中显化而来。如果我们学会时刻从美学角度去欣赏身边的人、事、物，在统一中求变化，在变化中找到统一的规律，便能获得平衡之美。可以说，一个人的内在会通过其外在显化出来，“妆”就是其外在显化的方式之一。因此，人如同一件昂贵的艺术品，需要经过岁月去打磨出内在的韵味，在

这个基础上方可通过外在妆效让其成为那个优秀且独一无二的存在。

（一）化妆的起源

在我国古代，化妆技术大多用在舞台演员表演所用的面具上。面具会夸大人物的五官、表情，让台下的人看得更真切，一部戏下来演员要不停地更换面具。后来，人们采用油彩绘面的方式进行演绎，我国京剧艺术脸谱更是将传统舞台化妆造型的精粹展现得淋漓尽致。而国际上采用的各类化妆造型，也都是通过优秀剧目的舞台表演展示出来的，形象视觉冲击力非常强，会通过化妆造型将表演者的面部表情夸张地展示出来。时至今日，人们为了追求更美好的自己，更是将化妆视为一种素养、一种礼仪、一种层次、一种个人价值的外显表达方式。

（二）化妆的定义

狭义上的化妆指的是只对面部进行修饰；广义上的化妆指不仅修饰面部，还对人体其他部位进行修饰，属于人物形象整体打造，包括发型设计、化妆设计、美睫设计、美甲设计、各类特效化妆与变妆、服装设计、饰品设计等。根据每个人的肤色、体形、骨骼、肌肉等，按照 TPO（Time、Place、Occasion，时间、地点、场合）原则，利用各种材料对人进行塑造的手段及过程，都可称为化妆，也可称为“化装”，即从人的整体着眼以表达艺术美学中的和谐之美。

二、化妆的原则

在现实生活中，化妆要始终围绕 TPO 原则来实现想要的效果，满足人们对化妆造型的需求。不论追求的化妆风格是什么，都要以妆效合理为原则。在影视作品中，化妆还要符合角色需求，即要按照影视剧目、上镜拍摄及舞台、戏剧、表演需要，以及角色的背景、身份、年龄、性格等的设定来塑造。此外，化妆要遵循创新原则。不管是摄影、舞台表演还是影视艺术，人物造型种类繁多，并且充满了不确定性，因此化妆师在练就扎实的基本功的同时，要不断创新以适应不断变化的环境，传承与发扬化妆造型技术。

三、化妆的目的及意义

（一）化妆的目的

化妆不是简单的涂脂抹粉，而是一个人良好修养的表现。只有突破狭隘的认知，人们才会意识到世界是美好的，生活是美好的，人亦应是美好的。化妆的目的如下。

1）满足人们对美化自我的本能需求，使人们对外貌充满自信，具有积极面对人生的良好心态。

2）保护皮肤、防尘防晒、延缓衰老，与发型和服饰合理搭配，体现年轻面貌。

3）调整五官比例和结构，提升辨识度。

4）以美化为目的，扬长避短，显露个人特征，展现个性美，凸显个人形象。

5）满足生活、舞台、影视剧等不同环境下的表现需要。

6）唤醒人们对美商教育培养的意识，使个人形象符合时代健康需求，重视美化人的心灵，让人们产生对美好生活的向往。

（二）化妆的意义

试想，当民众都认为化妆是一件美好的事时，说明了什么？说明社会是一片欣欣向荣的景象。反之，充满战争、恐惧、不安定的社会环境，连民众的基本需求都不能满足的国家，肯定不会产生美化自我这种对高层级修养的思考。因此，化妆是在社会安定的良好环境中人们愿意关注自己仪表的一种表现。但美化自我也要讲求适度原则，对一些过度修饰、低俗的化妆，我们经过美商培养，也就具备了抵制态度、边界感和评判力。

化妆可以从正身开始，我们从一个古代的小故事讲起。封轨是北魏时期的渤海人。其一向自律严谨，节操高尚，仪容整洁，仪表堂堂。有人说："有知识的人大多不修边幅。您这个贤达之士为什么与众不同？"封轨听了笑着说："修养高尚的人会使自己的衣服帽子整洁端庄，目不斜视，行为庄重，这是应该的，为什么只有做出蓬头垢面的样子，才会被认为是贤德呢？"非议他的人听了之后备感惭愧。这个小故事告诉我们，一个拥有高尚品格的人在形象上同样对自己有较高的要求。

为何我们需要具备化妆基础素养呢？素养就是人的素质与修养，修养是一杯香茗，需要细细地品尝，在润物无声中沁入心扉，在袅袅的氤氲中尽显光辉和美丽。化妆的意义可以从以下几点来体会。

第一，对人的形象美学层次进行划分，大致可分为五层，即穷、富、贵、雅、素。用马斯洛需求层次理论来解释，就是人最初的需求只是保护自身，讲求温饱和安全，并以这种心理选择自己的生活方式及着装。而生活水平提高以后，人的审美水平如果没有相应的提高，可能会以"富"的心理与方式进行浮夸的装扮以博得别人的关注。而人在既有财富又有地位还想展示自己的品位及修养的时候，就到了"贵"的层级。在人拥有了一定的社会地位，满足了自我精神需求时，反而会追求自我价值，进而选择"雅"的着装品位，生活中对着装的要求不再那么刻意，品位自然开始显露。等人们在尘世中磨炼、修行，甚至是可为人师的时候，开始变得随遇而安、无欲无求，就会生动地展现出自然、大气、舒适、别致的造型，这时说明人已经达到了"素"的品位层级。

第二，一个人给他人的第一印象尤为重要，后期想要改变这个第一印象，则需要较长的时间，甚至一旦他人对第一印象产生了固有的评判，后期就很难再改变了，这就是心理学当中的"首因效应"在起作用。美国传播学家艾伯特·梅拉比安提出了一个著名的"55387"定律，即人的整体形象信息表达包括姿态、肢体等传递的信息占 55%；语气、语调占 38%；说话的内容仅占 7%。人类属于视觉动物，认为自己看到的就是事实。越是经济与文化发达的国家，人们对美学素养的要求就越高，人的形象与礼仪也越深入人心，可以说一个人的形象是其个人出入社会的名片，甚至可代表其所属民族的整体素养，更是一种文明程度的体现。

第三，台湾作家林清玄在《生命的化妆》中有这样一句话："三流的化妆是脸上的化妆，二流的化妆是精神的化妆，一流的化妆是生命的化妆。"这句话就是化妆的意义及真谛。从这句话不难看出，高级的化妆美学素养十分重要。化妆师个人审美的品位要在实践中不断提高，素养要在不断练习中完善，以达到塑造美的目的。

第二节　化妆的分类

一、日常用妆

（一）日常生活

1. 日妆

在 TPO 原则下，日妆要以端庄、阳光、健康为出发点，体现干净、清透、自然、素雅、时尚的特点，展现高级质感的肤质及优雅的妆效。化妆可以进行略带装饰感和个性的刻画，以美化自我面部结构、比例、气质等为目的，彰显个人或代表团队得体、礼貌的形象。

2. 晚妆

晚妆同样要符合 TPO 原则，作为出席各类宴会、商务活动等社交场合的妆容，晚妆一般在着色程度上比日妆略强烈且立体化明显，发型也由白天的直线型转为夜晚的浪漫曲线，整体化妆造型多表现为优雅、大方，体现绅士或淑女气质等与环境相匹配的效果。

（二）摄影及比赛表演

1. 摄影类用妆

摄影类用妆是满足人们日常生活以外的美化自我的化妆造型手段，例如个人形象写真摄影妆、各类时尚彩妆造型用妆、复古人物摄影造型用妆等。

2. 日常比赛及表演展示类用妆

这类化妆如 T 台模特用妆、艺术体育表演用妆、舞蹈表演用妆等，多为彩妆造型，引发视觉冲击力。

二、影视及舞台表演类化妆

（一）影视类化妆

1. 摄制妆

多用于播音主持人、影视栏目及综艺节目录制、影视剧拍摄等。

2. 年代妆

影视剧及舞台表演类反映不同年代特征的人物造型用妆。

3. 肖像妆

多用于对名人形象的高度还原，可视为高级专业技术化妆，根据原人物特点进行高还原度模仿和塑造，包括妆容设计、毛发设计、五官设计、特殊材料配合应用、皮肤塑造等。

4. 性格妆

根据各角色的性格特征进行刻画，例如天真、开朗、奸邪、刻薄、鲁莽等。

5. 人体彩绘妆

这是一种为了提升艺术美和表演视觉之美的化妆，例如杂技表演、魔术表演、行为艺术展现、时尚服装造型展示、国内外化妆造型参赛等造型用妆。

6. 年龄妆

为表现角色处于不同年龄段的用妆，是按角色年龄逐一表现的专业用妆，如老年妆、中老年妆、中年妆、青年妆等反映年龄的用妆。

7. 伤效气氛用妆

用于影视剧中表现烧伤、烫伤、刀疤、喷血、枪眼、鼻青脸肿、断臂、血浆等受伤程度及战争场景，化妆师需要充分掌握各类伤效材料的使用，并具备较高的化妆专业技术。

8. 特效妆

此类用妆在国外影片当中使用较多，一般采用大量的特殊肤质材料，运用高级化妆技术，并配合电脑技术，产生形象逼真的人物、动物或物体细节，例如人皮、机械零件、假牙、毛发等。我国的特效化妆技术也在不断学习和进步，缺乏具有专业技能的高素质人才是我国影视剧特效化妆领域的短板。

（二）舞台表演类化妆

在各类舞台演出、戏剧表演中，舞台剧目人物用妆、综艺舞台表演用妆、动漫造型人物用妆、动物仿生妆等。

第三节　美商、美学与化妆

一、美商意识的开发

你是否认为只有自己拥有或富余的东西，才可以给予和贡献呢？如果自己都没有或不够，又怎么去影响和贡献给他人及社会呢？拥有美好亦如此，我们需要发现美好事物的眼睛和体会美好事物的心灵，中华传统文化中的智慧：

修身、齐家、治国、平天下，修身排在第一位。修为修心，身就是形，是外在形象；修心才可以提高美商即美好的思想与意识。想学化妆，先学做人。

在我国很多传统文化与精妙绝伦的稀世之作中，不乏美的素材值得我们去欣赏与学习，其文化根基含蓄且深厚，只要我们拥有发现美的眼睛，用眼去看，用心去体会，用行动去践行，用作品去表达，就能不断提高美商。仅仅看却不用，是毫无意义的。当你看到唐代仕女图中笑靥与花钿的妆效时，觉得很美，但它为何会让你觉得美？你是否体会到其中的深意？这点睛之笔为何在当今很多的古装剧中不断地被重新设计、变化和使用？应该怎样去理解与创新？采用了什么材料与表现手法？这些问题都是专业化妆师或具备美学基础的人应不断探究和思考的，这或许也是一种古为今用的美学传承。如果只是粗浅地照搬一件作品，终究不是美学持续发展的长远之计，只有经过观察、提取、凝练、运用、施展等沉浸式的刻意练习后，才能达到一种浑然天成的美学境界，这应是每一位化妆师的心之所向。

人有独立的思想和意识，有审美情趣，有坚定的信念。因此，人本身就是一件通过环境打造且具备综合素质的艺术品，但很多人看不到这一点，只是受环境的影响，需要不断通过外在行动及丰富的认知让美商意识觉醒。我们来思考两个问题：社会在什么时候会变得和谐且美好？人什么时候会变得自信且美好？答案有很多种，但都与社会和谐文明的程度有关。人作为社会的一部分，美好的时代与环境会给人们带来自我意识的觉醒，反之则是沉溺与逃避。而从另一个角度看，一个人越来越好，也会带动其他人朝着积极的方向前进。

既然新时代要提高民众的美商教育水平，就需要新型教育者培养的人才来运作和践行，以打造适合这个时代的教学方式，因此形象教练这一新兴职业以专业造型的水准推动了社会更好地发展，而不是单纯传统的教师带学生式或师傅带徒弟式的为学习而学习。形象教练可以激发人们的潜在美商力量，为成为更好的自己，成为更具影响力的人做深入的探讨与研究。

随着社会经济发展步伐的加快，唤醒了人们从内到外对美的合理诉求与得体表达。美商是人们对美的品质缔造、理解、认识和应用。让美在品质中得以传承及发展，其道理就如同高品质优秀影视及舞台作品，编剧须具备扎实的文学功底、剧本内容须饱满且丰富、导演要巧思拍摄、演员情感要精准到位、人物造型要立体、场景美术设计与道具要精良配合，还需要专业的配音配乐、高水准的后期剪辑等。一件作品从无到有，是很多具备专业水准、敬业精神、坚强意志力的人共同努力的结果。

局部影响整体，而整体也会成就局部，每个人都应看到自我在这个社会中的重要性。看到自身的修养是根本，美商水平的培养是确保优秀的自我和优秀作品的前提。美好的时代需要由创造美好事物的人来推动，因为这是一个需要美商觉醒的时代，美商教育的责任重大，美商意识需要尽早培养及提升。

二、培养形象教练美商意识的策略

第一，专业人物造型人才需要懂得对优秀艺术作品（如影视艺术创作、舞台艺术、建筑艺术、书法艺术、摄影作品、工艺品、服装设计作品等）进行元素提取并深度欣赏、模仿、提炼、创新等。这对个人美学素养的培养和熏陶至关重要。

第二，学习造型技术的同时，一定要加强对中外经典文化的吸收与学习，例如研究国内外优秀话剧文学、舞台文学等经典文学作品中的美学。

第三，提高专业绘画及塑造的水平，即在人物形象设计与绘画方面要打下扎实的基础。例如学习人物结构素描、美妆素描、色彩搭配、电脑软件设计、AI 人像技术、摄影等，学习对大型体、空间打造的掌控技巧，并培养构图意识。

第四，关注国内外时装周及时尚品牌发布会，关注时尚杂志、彩妆新品发布动态等，掌握时尚元素和时代潮流，并对行业最新产品和经典产品的时尚创新点进行选择、分析和应用。

第五，欣赏大量经典剧目中的人物造型，丰富创作资源，关注各类创新化妆材料在剧目中的更新及应用方法，对最新造型材料的研发、创新及使用是造型技术不断创新的前提。

第六，积极参与行业内专业化妆造型大赛和化妆造型技术交流会，丰富创作思维。

第七，多进行实地采风学习，只有走出去才能接触现实感与艺术创新相融合的思想，只有亲身经历过才会让作品更加鲜活，通过亲身体验和考察，才能了解人物造型市场的真正需求和动向。

第八，深入了解中西方服装史，在了解历史的基础上进行思考、借鉴、传承和发扬，即延续经典并进行创新应用。

第九，化妆造型行业可通过专业课程设置、先进技术培训、实习基地建设、校企合作等方式培养专业造型人才。

三、美商、美学与化妆三者之间的联系

中国近现代画家、艺术教育家林风眠说："艺术的第一利器，是他的美。"在绘画中，既有具象的美，也有形式的美，画面的繁、简、夸张、变形，无不以美为前提；在生活美学中，美无处不在，如何感受美、审视美、创造美，让我们的身边处处有阳光的、有能量的、有美好遐想的人物形象，是学习化妆造型时经常要考虑的问题。另外，用创新和创意打造形态美、结构美、色彩美、层次美等美的人或事物是我们学习美学知识的根本目的。希望我们能从生活中发现美的事物，经过练习和实践来打造属于当代人的美学观念。

"艺术之美高于自然之美"，这个美学理念来自黑格尔。他在《美学》中提出，凡是出自我们心灵的创作之美，可将自然之美进行提取、整合、重塑和创新。艺术可以表现出神圣的理想，这是任何自然事物都无法做到的。在黑格尔看来，美不是静止的、永恒的，而是发展变化的，在思维中如此，在历史中也是如此。从历史上看，美的发展过程形成了不同的艺术类型，即原始的象征型艺术、古代的古典型艺术和近代的浪漫型艺术。美看似是最没有用的东西，既

不能吃也不能喝，但人们始终保持着追求美好事物的动力。在物质需求得到满足或基本满足的同时，追求精神需求就成为必然。人类始终无法脱离对美好事物的向往，因此人类追求美的步伐永远不会停歇。可以说美在无形之中，美是一种境界和感受，是必需也是刚需所在，因此我们要使美商觉醒，懂得真正意义上的美并精准创造美。

人的美不是千篇一律的，作为专业化妆师应该以专业视角尽量挖掘个性之美，既要注重妆面与整体形象的协调，又不能只盯着对缺点进行弥补，应适当放大着妆者的优点，让其有吸引人目光之处，并使其整体之美得以彰显。这才是一个优秀化妆师工作价值的最佳体现。

美商需要觉醒，美学需要探究，化妆需要在美商和美学中绽放！

第四节 专业人物化妆师职业种类浅析

一、人物形象设计师

（一）概念

人物形象设计师是根据人物造型的设计需求，按照 TPO 原则，结合人物身份、年龄、自身特征等设计图稿和创意效果图进行初步设计制作。先有设计意图，然后进行统一化妆、发型和服装造型、色彩搭配、饰品佩戴等，有时也无须亲自上手完成，提出完整而明确的造型要求、设计理念并拿出具体人物造型方案即可。

（二）职业分析

人物形象设计师通常先对大型演出、剧目、节目、影视剧中的角色进行初步理解，并与导演积极沟通。随后，查阅相关资料，从专业角度思考人物造型。最后，通过绘制造型图纸或制作电脑效果图，产生可行的实施方案。这包括对整个演出所有角色的整体掌控与设计，以及对整体系列款式和色调定位。他们负责化妆、发型、服装及配饰的整体设计。人物形象设计师是化妆造型行业中极具权威、专业且全面的人才。

二、化妆师

（一）概念

化妆师一般按照角色需要，运用化妆技巧对人体各部位进行修饰。如今，化妆不再局限于对面部造型的修饰，对人体各个部位所做的任何修饰，都可以称为化妆，包括对形象进行创造和再创造所进行的化妆、变妆、发型和服装设计与制作、饰品设计与制作等。侧重点仍是脖子以上，包括面部妆效、发型、发套、胡须、发饰的设计与制作等，并要求与服饰协调统一。

（二）职业分析

化妆师可以细分为生活类、商业类、摄影类、影视剧摄像或综艺节目录制、影视特效类、舞台类、教育类、培训类等。例如影视剧组化妆师、舞台或戏剧表演化妆师、戏曲化妆师、特效化妆师、影楼化妆师、摄影工作室化妆师、高端化妆品品牌彩妆师、化妆学校培训讲师、跟妆师等。

三、个人形象管理顾问

（一）概念

个人形象管理顾问分为生活顾问和演艺顾问两大类。个人形象管理顾问一般服务于对自己形象有改善需求的人，采用专业人物形象设计技术，根据人物的发色和发量、肤色、瞳孔的颜色、身材、职业、性格、服装等特点与诉求，为其量身定制整体形象设计方案。演艺顾问通过对演员、歌手、模特的形象进行专业定位分析，根据其特点挖掘其最大形象价值，帮助其展现影响力及个人魅力，定制演艺范畴内专业的形象定位方案，承担整体包装任务。

（二）职业分析

个人形象管理顾问通过与被设计者的交流，结合其对自身的描述和对其外在的专业观察，从专业角度给出形象管理方面的具体建议与方案，抓住人物自身特点的有效信息进行有目的的形象穿搭和形象色彩分析，完成与气质相符的服装与服饰全方位搭配组合、妆容设计、发型设计等。

四、形象教练

（一）概念

形象教练是从造型专业教育的视角服务与培养具有综合素质的专业形象心理美学专家。这类专家集形象设计师、化妆师、形象顾问于一体。他们通过提炼“以人为本”的精髓，结合专业美学思想，由内及外进行美学滋养。

（二）职业分析

形象教练的职业定位要求其具备优秀的综合素养且个性鲜明。这不仅是时代的需要，更是适合职业教育和行业发展所培养的适配型人才，是教育模式与培训模式的一种创新举措。形象教练应具备基本的美学理论、艺术修养、创作实践水平等综合素养。以教练思维从“美商教育、美商觉醒、色彩心理学”等角度出发，是支持和挖掘人物“灵魂展现”的美学引领者。

（三）工作范畴

首先，形象教练扩大了造型设计师的职业范畴。从化妆师到形象设计师，再到形象教练，这是一个不断升级的职业理想目标。要成为一名形象教练，需要从专业教师队伍或特定行业领域中从事多年化妆造型工作的精英中选拔。他们需要具备中正、启智、利他的专业态度，成为引领行业美学发展的新型专业群体，以服务大众和学员。优秀的形象教练可以转型为更全面的造型设计人员。他们不仅擅长设计和实践，还能从心理学层面引领和支持更多人实现内外双修，让大众理解内在美一定会通过外在表现出来的道理。

其次，形象教练比教师、顾问更懂得如何自然而然地激发从业人员的创新精神，而非传统的“师傅带徒弟”式的讲授、给予、教导、模仿和照搬。他们对自己未来的职业发展有更高的要求。通过传播形象美学原理，更多的专业人才能从中受益。形象教练尊重大众爱美的天性，识别每个人的特点，挖掘个人无限的美商潜力，在心理层面帮助人们建立自我完美形象的自信与正确的美学认知。

（四）形象教练的价值

形象教练专注培养心态完善且美好、专业精练而有耐力，懂得正向刻意练习的专业人才。一个人只有习惯了用创造快乐和美好的方式去看待世界，刻意练习自我良好的心态和视角，才能在服务他人形象及设计作品中彰显魅力。

化妆师是创造美好的人，如果创造美的人没有审视美的能力，没有挑战诸多不确定性的韧性，甚至不能传播造型的正向意义，只懂技能的有效复制，岂不是本末倒置？而教练以支持者的身份影响化妆师，注重从心理学角度挖掘一个人的潜能来设计教育环节，让造型人员看到更好的自己，更能吸引优秀的人来做更优秀的事。

形象教练的价值体现在让优秀的专业人才成为更优秀的自己，从而产生更好的影响。

（五）形象教练技术

1. 抽离式审美法

形象教练运用心理学常用的抽离法，将自己的审美元认知进行开发与训练。每个人都可以假设有另一个自己或另一种视角，这就是审美元认知，通过这个认知我们可以审视自己或审视自己创作的作品。用这种方法，可以从整体和更高的视角审视自己对美的事物的感受与理解，审视作品的意义与价值，从而更深入地看待创作，并形成一种高度的认知思维。抽离式审美法就是用我们的理智思维配合感性思维，从而创作出有意义且美好的作品。

丽人先丽己，专业造型教师是从专业角度传授美的理论与方法，而形象教练会从人爱美的根源中去探索爱美这种本能，让我们满足自己的愿望，去努力成为有形象影响力和行动感染力的人。正因为人总是感觉自己不够完美，才希望变得更美，其实我们每个人想要的都是一样的，那就是更接近真正的自己。2000 多年前古希腊人就把“正确地认识你自己”刻在阿波罗神庙的门柱上，至今我们仍为此而努力着。同样在 2000 多年前，道家学派创始人老子提出了“大道至简”，人类可以遵循自然法则，在道法自然中找到事物的本质与规律，在从简单到复杂再到简单的过程中提升自己。

我们身边很多事都变得越发简单、快捷与方便，这是因为我们掌握了从复杂到简单的本质规律，开始追求简单而有品质的生活方式。让人们的生活更加富足，这才是人类现在和未来发展的目标。可以说这个时代是不断做减法的时代，“少即是多”不仅仅是一个口号，更是当今社会所向往的一种简约而富有的生活态度。

我们中国人讲究的是中庸之道、平衡之美，我们不求极简，只求至简，“达到”才是关键，完成总比完美强。这就是我们中国人的智慧哲思。想求得简单的生活，必先求得品质的提升；想求得美好的自己，必先求得有品质的人生。这一简单的规律，大家其实都懂，但能做到的又有几人呢？可以说简单就是一种奢侈。而人的品质是否也要不断磨炼与提升，才可达到较高的层次呢？这就是在去繁就简后才得到的匠心之作。于你而言，想要正确地认识你自己，首先要学会发现自己，发现自己的潜能与力量，然后灵活运用，并从中获得属于自己的简约之美，即至简之美。形象教练运用的抽离法是从另一个视角观察事物整体，发现美的规律与法则，培养自己从一定的高度和层次去发现美、欣赏美、创造美的能力。

2. 反馈式审美法

一个人的审美水平是否不断提高，一件作品的质量是否经过一段时间的练习后有明显提升，这些都需要及时反馈。这样才能让你有信心继续成长，这种动力是不断改变的源泉。可以说，人的进步需要不断被发现并勇于实践，任何美的事物都需要正向且及时的反馈，只有这样才能激发一个专业造型人才持续进步的潜能。作为一名形象教练，你会习惯先从客观的角度分析自己的作品，公正地反映其优点和不足，而不是一味听信他人对你作品的评价，更不会对自己的作品妄加评判或盲目自满。

你要培养自己保持积极心态的习惯，乐于接受别人对你作品的正向反馈，从而让自己变得更加强大。因为我们可能容易自满或习惯性自我批判，容易走极端，而能否做到对自己或他人都从公正的角度去欣赏，是很多人经过不断练习才逐步形成的思维习惯。比如，社会提倡的“匠人精神”，是一种注重实践和创新的态度，而非单纯的模仿、重复与照搬。它不是生搬硬套人物造型的技巧、形式、套路、方法，而是要学会形象造型设计与制作的原理、美学原理的运用，再通过实践融会贯通，为你的职业生涯和创造力注入持久的动力。我们需要认识到，人性是很容易懒惰和迷茫的，只有不断得到自我或外界反馈的人，才能迅速且健康的成长。形象教练在培养学生时会让你具备在任何环境、心态和水平下，都能正视自己的能力，突破自己的认知，并在不断的刻意练习中及时得到正向反馈，如朋友的反馈、教练或教师的反馈及行业专家的反馈等。由此可见，形象教练技术中的反馈式审美法能快速提升一个人的素养。

3. 突破审美认知

大自然是丰富的，人生活的环境是多彩的，人的审美认知也不可能是单一的，形象教练要随着时代的发展，不断提高审美水平。你了解美的法则吗？你懂得什么是好的欣赏？你能从优秀的作品中提取美的精髓吗？美与丑真的是绝对的吗？你有正确培养审美观的方法吗？你明确自己要表现的是什么并努力去尝试了吗？美的创新需要复盘思维吗？突破审美认知需要认知层级的不断提高吗？

人对形象认知上的突破，需要经历感知、体会、提取、尝试、运用、反馈、调整与丰富等漫长的历程，以上问题我们要逐步解决，我们要学会思考并反思自己的身份，是化妆造型设计师，还是化妆造型的搬运工。灵活是在不断的实践中获得的，并看到其真正价值所在，从而用行动去体会。只要方向正确，收获将只是时间问题，提高对美的认知水平是第一步。

化妆师是围绕人物形象进行创作的，一个人想要让别人看重且欣赏自己，需要修炼内心，懂得一个人的外在形象能够反映内心世界。形象体现了一个人的言谈举止、衣食住行的生活质量，而非片面的、单一的表达。我们想要突破对形象造型的复杂认知，就需要平时的不断积累，这样才能在认知力量的突破点一跃而起。这就是为什么说想到是做到的前提，优秀的人是“想难行易”，而普通人往往是“想易行难”。化妆师应对造型的内容、形式、形态、结构、色彩、比例、布局等进行思考，通过实践去验证，在验证中知晓自己应该怎样完善。这样就不会在焦虑中什么都想要，什么都想表现，从作品中却找不到一个主题，甚至精彩之处也未能体现。因此，化妆师需要主次分明，突破自我认知局限。

4. 应对突变法

在形象教练的支持下，应对剧本人物造型设计项目的挑战，做好训练的思想准备，这是化妆师能力培养的有效方法。化妆师的工作本质在于不断创新。从看不见到看见、从看见到知道、从知道到了解、从了解到掌握、从掌握到做到、从做到到研究、从研究到成功，这个过程说明实践才能见成效，也说明化妆师需要与他人交流，不能孤立存在。作为化妆师，要懂得与他人合作的重要性，尤其是团队合作的重要性。

化妆师为作品负责，需要具备独立思考能力和实践能力，在彰显个性的同时，又要让作品引发大众共鸣，这是一个很难达到的水平。大部分化妆师，起初就在脑海中给自己设置了条条框框，不能灵活运用其他作品和他人的理念。既要为造型筹备周全，又要为现场各类突发状况制定应对措施。我们需要在形象教练的指导下，做好应对各种状况的心理准备，进行提前预演和彩排，将造型风险尽可能地降到最低。

化妆师需要了解和应用各种造型材料，这没有固定的模式，总是在创新中实现创意，包括环境的改变、资源的配置、造型手段的更新、剧组的预算等诸多问题都是我们没有办法逃避的现实。在影视剧和舞台剧目创作当中，除了要培养自己的造型团队，还需要听取导演、编剧、演员、摄影、灯光、舞台设计等人员的建议，通过研讨及磨合才能进行有效设计与制作并产生价值。此外，化妆师也要具备自我建议、自我预判的能力进行周全考虑，配合导演完成作品。

形象教练可以辅助培养出具有凝聚力、协作力的造型团队，让化妆师愿意主动承担高强度的造型任务，增强其责任心及凝聚力。不仅要带动与激发团队合作意识，还要培养化妆师应对突发状况时的能力。

形象教练复盘思考：

1. 了解化妆的真正含义之后，你是否对职业理想更有信心？

2. 掌握化妆的原则并了解化妆师相关职业后，你是否有感兴趣的职业愿意深度学习？

3. 你对化妆造型的了解是否有新的认识？

4. 你有信心为化妆行业贡献自己的一份力量吗？你的计划是什么？

第二章　化妆与人体结构

形象教练提问

教学目标：化妆师化的是什么？

教学现状：化妆造型之前是否需要掌握人体的各种结构及比例关系？

教学方案：如何理解与掌握人体结构？

教学行动：采用怎样的刻意练习进行人物骨骼理解和矫正美化？

化妆师化的是什么？怎样才能打造出真正意义上的美？从专业角度来说，化妆化的就是人体的结构。每种妆容造型都是对人或事物结构的精准展现和恰当修饰。化妆技术如果只照搬传统化妆技巧的套路形式，而不懂了解人体结构才是灵活创新的基础，那么造型作品产生的意义与价值将大打折扣，作品也缺乏表现力。

生动的化妆是根据身体结构来刻画的，必定满足对人物形象个性及辨识度的强调与提高，即使有些妆容的款式及色彩差别不大，但刻画到不同人的脸上，会因面部结构的不同而产生较大的差别。因此，我们在化妆造型时要做到求同存异，培养自我灵活造型的能力。化妆师要想将二维设计图纸转换成三维人物造型，就要时刻对人物进行全角度的造型思考。因此，化妆造型的过程离不开扎实的美学功底、艺术修养、美术实施技巧等。反之，美术基础好的人就一定能化好妆吗？答案是不确定的，画画好的人不一定化妆就好。化妆师的创作是脱离平面的，在真人模特的现实结构条件的限制之上进行造型表现，是通过平时大量的素描、色彩、雕塑、立体构成、图案、线条等刻意训练后，掌握造型原理的应用方法，在真人身上运用各类化妆材料及表现手法，完成对点、线、面的立体造型。甚至有些特效妆容还需要化妆师对机械零件、石膏模具的制作等特殊材料进行大量研究及反复尝试，很多电影中的特效人物造型都需要对人物面部及身体结构进行细节化的绘制、研制、尝试与运用。

化妆师不仅要有扎实的素描基础、色彩基础、雕塑基础，还要对各类人物造型的不确定性做好充分的心理准备。想在化妆造型行业有所建树，一定不要忽视对自身艺术修养的提升。可以通过欣赏美学书籍、名人字画、时尚秀场或杂志人物、中西方服装史、世界各国知名建筑、雕塑作品提升自己的鉴赏能力，欣赏美术博物馆中的名家收藏，进行素描训练、色彩训练、服饰搭配，扎牢自己的艺术功底。

第一节　面部骨骼、人体比例与化妆

一、化妆与头部骨骼结构

化妆有对面部进行保护及修饰的功能，是针对面部结构进行的塑造。化妆师需要了解人的面部及头部骨骼结构，进行“形”的意识锻炼。化妆师可先从对头骨形态的掌握开始，对造型的掌控需要手、眼、脑的配合，逐渐发现与掌握美的基本规律，体现美的和谐效果并做到举一反三灵活创新。对于化妆师来说，对头骨进行大量素描练习可以了解并掌握人的头部骨骼结构，通过对头骨结构的理解，掌握人的面部组合结构和特点。化妆师在化妆过程中对人的面部各部位的刻画，其实就是对面部结构的合理美化，而不仅仅是用色彩来进行单纯的涂抹与装饰。因此，化妆的基本功就是练习矫正妆，即扬长避短，发现面部结构的优点并设计方案，通过光影矫正手法对缺点进行遮盖、弥补、修饰、调整及改善。如果化妆师对人的头骨结构理解得不够透彻，将严重影响后期的化妆造型。

如图 2-1 所示，化妆师对头骨的了解不仅限于面部骨骼，而是需要了解人的整个头骨的结构。化妆师不仅要会化妆，更要学会设计与制作演员的发型，因为对化妆师来说，脖子以上的部位都是工作的范畴，发型设计与制作技术也很重要，只有这样才能从全局出发设计适合对方的妆容、发型、头饰等，这是一名合格的化妆师必须具备的专业基础能力。例如对发际线的处理、发型对脸型的修饰、发体的头部占比等都是化妆师必须考虑的细节。

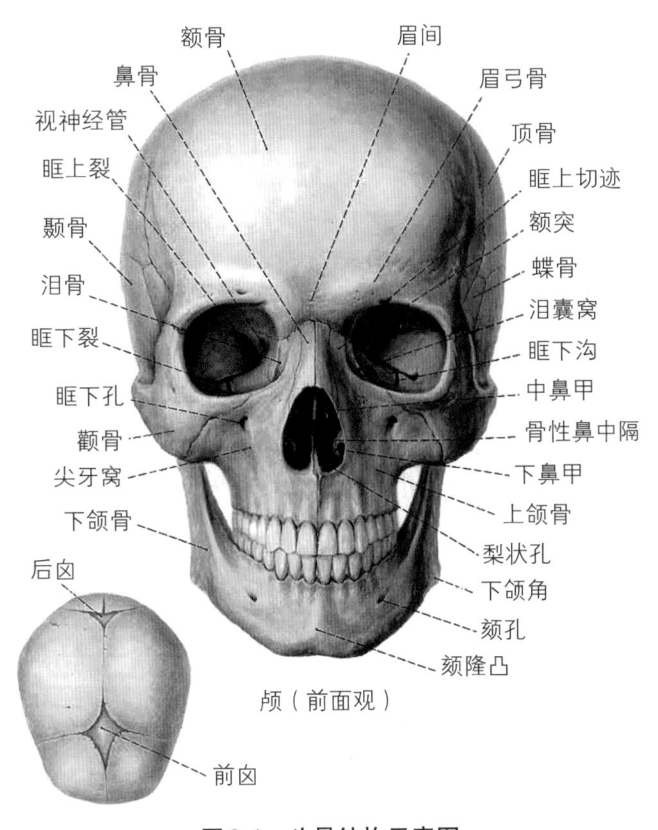

图2-1　头骨结构示意图

二、化妆与面部肌肉结构

面部肌肉使人能够做出丰富的表情，撑起人的面部特征和复杂的情感表达。掌握面部肌肉特征，可以更好地掌握化妆实施方向和技术，为创作打下基础。

面部肌肉能表现年龄的变化，面部肌肉不断收缩和扩张，表皮也随之运动。年轻时肌肉饱满且紧致，随着年龄的增长，肌肉不断萎缩和松弛，失去年轻时的光彩，这时表皮也随之改变。我们要通过化妆手段进行必要的提拉和光影改善，来进行角色年龄造型的修饰，而表情纹的遮盖或刻画需要化妆师掌握面部肌肉的结构特点。

三、化妆与面部比例

人的面部结构决定了长相特征，脸型和五官的形态及布局更是考验造型技术。在生活中，我们多以三庭五眼的标准来审视一个人的面部结构，面部比例的优势也以此为标准，如图 2-2 所示。放大眼部、调整脸型，再配以发型及头饰，更能凸显美丽、大方的妆容效果。而在影视及摄影活动中，人们虽然还是以三庭五眼为审美标准，但面部审美标准更趋向于一张整体视觉偏小、偏“V 型”的鹅蛋型或甲型脸，即脸盘小、五官大的人是普遍认为的最理想的上镜脸型。如果人本身脸型偏小，眉毛修长、面部线条优美、眼睛偏大，鼻梁高挺且长度适中，唇形比例合理且饱满莹润，整个面部从视觉角度上左右脸型及五官能够体现美学中的对称之美，就可视为具备标准脸型的基础条件。试想一下，在这样的脸上进行化妆造型，是否更能体现完美的面容呢？甚至还可以省去很多化妆修饰步骤。

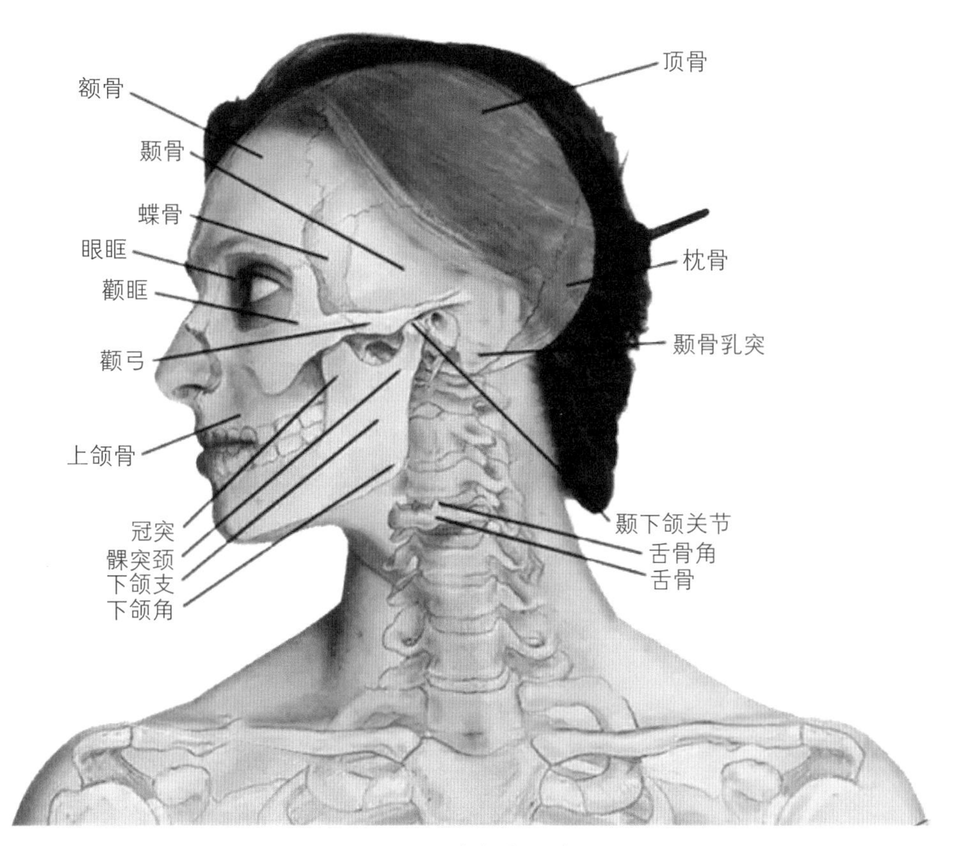

图2-2 面部解剖示意图

因此，什么是真正的美，怎样找到适合自己及他人的美，我们应该具备什么样的专业态度，对实施美的行动应该做什么样的专业练习等都是化妆师应考虑的。对于化妆师来说，如何正确地表现美、实施美、创造美、产生美等都很重要，我们的审美能力决定了造型质量。

（一）人的面部比例关系

人长得美，面部比例一定是合理的。这就要求化妆师做到对比例的掌控，化的是结构，矫正的是面部的不足之处。化妆师一定要具有专业的审美能力，具备对取舍的定位、专业造型知识的理解与掌握、专业技能的实施与体现，才能完成人物精神的表现和独具个人魅力的化妆。

以面容作为基础，无论是对结构比例的调整还是对五官的雕琢，都是为了让人的面部结构与整体造型达到一种天然的和谐之美。美是由一个个点打造的，无法由某一部位独立表现，例如一个人的唇妆画得很好，但从整体上看显得格外突兀和另类，这样的化妆造型是失败的。俗称眉毛、胡子一把抓，每个地方都化了，可整体一看像是拼凑起来的，没有突出重点和精彩之处，没能做到自然和谐，这样的化妆造型也不是我们所倡导的。

每个人的美是有其自身个性与特点的，化妆是要让面部比例达到和谐。人最基本的结构是化妆师无法改变的，但我们可以寻找最佳的造型方式去弥补结构上的不足。就像画画一样，通过结构的明确、光影明暗的处理等进行面部比例结构的视觉改变。

（二）三庭五眼 + 四高三低

1. 三庭五眼

如图 2-3 所示，三庭指将面部从发际线到下颌平均分成三等分，即发际线到眉弓骨的上方为上庭、眉弓骨到鼻底为中庭、鼻底到下颌为下庭。五眼指脸的宽度，即两耳之间有五只眼睛的距离。最新的审美标准为四只半眼睛的宽度，即眼睛宽度占比脸型宽度稍多一些。化妆也是为了夸大人的五官结构，使之更加明显和立体，五官面积在脸上占比分量较多，尤其是大眼睛的人，看上去面部空白会较少，对比之下从视觉上感觉其脸庞较小。

三庭五眼是衡量一个人的脸型结构是否符合大众审美或摄影摄像等上镜度的标准，可以说拥有一张标准的脸型，是所有爱美人士的追求。很多人都喜欢别人说自己是“巴掌脸”，即用手掌正好能挡住全脸，与之形成对比的是，五官结构却长得很开很大方，这说明脸庞较小、五官明确，非常适合上镜。因为镜头广角为弧形，拍摄时会将人的脸型略微拉宽，这就是很多人在现实中见到明星时，感觉其脸庞比荧屏上小的原因。

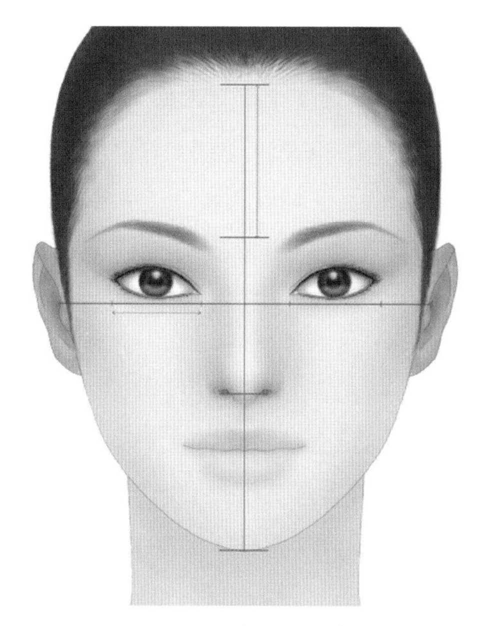

图2-3　三庭五眼示意图

脸型小巧、五官大方，是当今审美流行的标准，但事实上中国传统审美中五官大，脸庞也大的人，看上去更有分量，而且在舞台上也更加醒目。因此，从专业角度来说，一个人脸庞的大小并不是很重要，关键看五官比例，也就是五官布局是否与脸型相匹配，面部线条是否清晰分明，特别是下颌的线条是否有型且内收。

2. 四高三低

“四高”：人的额头是第一个高点，鼻尖是第二个高点，唇珠即唇峰是第三个高点，下巴尖是第四个高点。“三低”：两只眼睛之间和鼻额交界处的凹陷是第一个低点，能低下去证明鼻梁处是高挺的；第二个低点是人中，凹陷深、人中脊明显的看起来更美观；第三个低点是下唇下方的一个小小的凹陷。通过光影可以美化面部的三庭五眼及四高三低，实现面部的整体和谐，呈现独特的美。

作为形象教练，我们可以接纳任何方式的改变，不去评判什么才是美，尊重所有人对美的选择，同时倡导正确打造自我美感的意识。从专业角度培养的化妆师，应该在基本的审美标准中以对人面部结构的美化练习作为技术支撑，即让人的面部显得更立体，肤质更细腻，五官更有层次，这是化妆的基本功训练。

四、化妆与人体比例

对审美的培养，需要以一定的可参考比例作为基础，虽然审美是一个人的主观自由，但审美标准是有迹可循的。为何有的美短暂流行如昙花一现，有的美却永恒持久，让人青睐且沉浸其中。比例结构对于整体美有着至关重要的作用，如果形体比例好，再加上服装与服饰、妆容等的修饰，就会让美更趋于完整，但现实中大部分人的身材比例并不理想，这就留给化妆师更多制造美的空间。如果化妆师的审美水平不高且没有标准，造型会经常出现不尽如人意的反面效果。化妆师的审美水平可以从以下几方面进行提高。

（一）比例产生美感

第一，比例之美能显露出一种美的节奏。美如音乐般传达着节奏感，就如我们欣赏一件设计优秀的造型作品，其中的放松点和强调点如音乐节奏般可以在整体产生可视觉化的表现。

第二，比例的和谐之美。古希腊学者毕达哥拉斯在听到弹奏竖琴的声音后，惊为天籁，发现竖琴虽然琴弦长短不一，却能产生美妙的和谐之音。让动听的声音产生无以言表的美，就如我国古代的音律“宫、商、角、徵、羽”五律配合所产生的和谐之美一样，因为不同，才让这个世界美好纷呈。正如《道德经》里所说：天下皆知美之为美，斯恶已；皆知善之为善，斯不善已。美之所以为美是因为世间有丑的对比，善之所以为善，是因为有不善的对比。化妆师要体会到任何事物都会在统一中有变化、在统一中有韵律、在统一中有个性，这一点值得化妆师去感悟和思考。

第三，黄金分割。黄金分割的概念也来自毕达哥拉斯。某天，他在街边听到铁匠铺中打铁的声音，感觉其中有某种迷人的韵律，便驻足用数字记录下了这段声音的比例，这就是黄金分割的来历。可见，美好的事物、声音需要一双善于发现美的眼睛、一对能听到美的耳朵、一个觉察美的灵魂以及感悟美的头脑与智慧。虽然黄金分割 1 : 1.618 这个比例不能在所有情况下适用，但是用黄金分割可以创造出一种和谐及对称的美感，艺术和美毕竟是需要去创新的。

（二）美是一种合理的修饰

人们会选择通过调整服装结构的长度、穿增高鞋、戴帽子、配头饰等诸多造型手法弥补比例上的不足，尽量让造型看上去更接近理想的效果。这也是服装设计师普遍将服装设计图中的人体高度进行拉长的原因，目的是给作品的表现形式提供更大的设计空间。

适度的夸张在艺术绘画中可以给人带来视觉上的享受，而一旦做成实物，就不得不受很多现实因素的影响，例如一定要根据实际的人体比例、脸型比例等进行合理的造型，因而化妆师需要懂得以人为本的道理。化妆师应从人物的整体比例进行化妆造型，可以通过调整整体比例的方法，做到协调美，扬长避短，打造和谐的妆容、发型、服装穿搭、配饰等以达到满意的效果。

如果只注重面部造型，而不注重整体的协调性，基础化妆就是不完整的，所以我们需要具有打造形式美法则的美学功底。以创意头饰的设计为例，头饰的高度及宽度和脸型的长度及宽度之比，应尽量避免 1:1，要对头饰的长度和宽度与头部的比例关系进行分析。头饰既要起到为整体点睛的作用，还要体现对面部结构的修饰效果，如图 2-4 所示。如果比例布局有问题，就会使作品的整体协调性大打折扣或造成画蛇添足的效果。

图2-4　头饰设计

综上所述，作为专业或非专业爱美人士，请考虑你设计的形象造型是否在美的韵律和比例结构中产生，不管是脸型结构的修饰、发型和头饰设计、服饰搭配等都需要参照专业的审美标准。而作为专业化妆师，应具备最基本的专业素养和专业基础，具备更开阔的视野和更具专业度的眼光，站在审美的高度，从整体去看、去学、去思考。

第二节　素描与化妆

在当今提倡的众多艺术修养中，素描基础造型训练对化妆师来说尤为重要。素描训练不仅能培养人对形体的感知力，还能提升人的欣赏水平、对大型体的掌控能力、对点线面细节造型的理解，通过黑白灰层次的训练产生有效的心、脑、眼、手的配合，养成对事物从整体去观察、思考和入手的习惯，如图 2-5 所示。在造型启蒙阶段，人们往往习惯于先看事物的外表，忽略作品本质结构刻画的重要性，没有注重大型体的概念和意识。因此，素描绘画练习就像盖房子前要先学会搭架子，先懂结构才能从细节入手去装饰。可以说，任何造型设计都应按照整体框架结构、细节刻画和色彩运用的顺序去层层把握。

图2-5　素描作品（张岩）

一、素描对人物造型的重要性

素描绘画技巧在化妆造型领域里的应用，可分为黑白素描头像和彩色美妆素描头像（即彩色写实头像）两大类。绘画和化妆在载体和表现手法上有很大的差别，一个是对纸、一个是对人，相同之处是二者做的都是对事物的空间打造。绘画是化妆造型的前提，通过人物效果图的设计与制作，掌握人物造型的整体特点和全局，就像盖楼前的设计图纸一样，需要展示造型的主旨意图，然后才会进行实物制作，因为人物造型是成本不断升级的过程，需要由真人模特或演员的配合，进行服装与服饰、化妆与发型设计与制作等耗资、耗材、耗时、耗力的工作，如图 2-6 所示。

图2-6 发型素描

化妆师应通过绘画直接呈现作品的完整度和实现的可能性，将想做的和能做的通过设计图做出预判。就像服装设计人员要先会画服装效果图再进行实际制作一样，化妆师应先具备画人物造型设计图的能力。对专业化妆师来说，既要懂设计和构图，还要懂制作工艺和流程。随着科技水平的不断提高，很多专业人物化妆师采用电脑绘图软件来进行人物造型设计图的绘制，这就更要求化妆师不仅具备一定的素描绘画功底，还要具备电脑人物制图的技术。因此，素描绘画对专业或非专业的化妆造型设计人员的基础训练至关重要。

对于没接触过专业美术训练的人和没有美术功底的化妆爱好者来说，兴趣是引发一个人深入研究及持续训练的动力。素描人物头像是化妆造型的基本功之一，可以在一段时间的素描基础训练后，从素描的黑白灰中升级用色彩来表现层次，在人物、动物、植物等写实彩色绘画中提升自己的造型能力。可以尝试画动物和植物，还可以进行更逼真的人物美妆素描的绘画练习。总之，从激发绘画欲望的角度出发，让素描练习的方式更加灵活。在化妆造型中，很多仿生妆都来自动物界，如果更喜欢画人物，在进行一段时间的基础黑白灰人物素描练习之后，可以尝试用色彩去塑造自己喜欢的偶像，让自己对绘画不再抵触。

对化妆师来说，彩色人物写实绘画是在具备素描基础、色彩基础素养之后，进行的一种对人物绘画和化妆造型都有很大益处和有利于兴趣提升的练习方式。因其和我们给真人化妆用化妆品着色产生的效果接近，此方式既解决了单色素描乏味的问题，又能提升化妆师对基础绘画的兴趣。因此，近年来很多高校采用人物头像写实美妆素描绘画的方式，带动教学兴趣。既能让学生接受对人物头部结构、面部结构、妆面效果、发型效果等人物写实的基础练习，又能在妆效表现上更加逼真，如图 2-7 所示。另外，在绘画颜料的选择上范围较广，可用彩铅、油彩、色粉、丙烯、水彩、水粉等各种材料临摹人物头像。

图2-7　油画人物作品（张岩）

一个没有素描基础的人，很难将设计图稿变成三维立体的造型，素描中对人头部结构的塑造练习、光影练习、明暗深浅的把握，无不围绕事物的整体进行分析和实施。在白纸上表现事物的立体度，体现了对技术的掌握，面与面的转折、明暗的过渡、不断对比的过程等都是在提升观察者的审美和塑造能力。仅学习几个月的化妆技巧就想为客户做造型，是不现实的，你会发现自己被束缚住了，不能突破。因为对结构的不理解、技术的欠缺、思维的匮乏，只能从模仿中生搬硬套，不具备因人而异或创新设计等塑造人物结构美的能力。因此，化妆师需要先将绘画基础中人物结构、色彩搭配、深浅处理、细节的表现一一练习好，夯实造型基础。

二、基础绘画练习的重要性

人的面部可以分为很多块面，只有在进行面部写实绘画，即在美妆素描时才能了解人面部各部位骨骼与肌肉结构的关系，例如脸型立体度的修饰、眉毛深浅明暗的过渡修饰、眼形结构的形态处理、鼻子的调整、唇形比例的修饰，都可以在美妆素描中找到规律。可以说人的五官都是立体的，讲求结构的修饰、肌肉的走向流畅等。专业化妆师不仅需要对五官进行刻画，还要掌握人体某些部位的造型技巧，例如发际线的调整、伤痕的处理、特效造型的塑造等，都是需要素描基础来支撑的，如图 2-8 所示。因此有美术基础的人哪怕刚开始化妆技术并不好，在其掌握面部结构后，经过大量的练习，终能形成一定的塑造能力，从而不断提高自己的审美标准，丰富审美视角。总之，素描基础的扎实程度，无疑是对化妆造型最有效的锻炼方式之一。

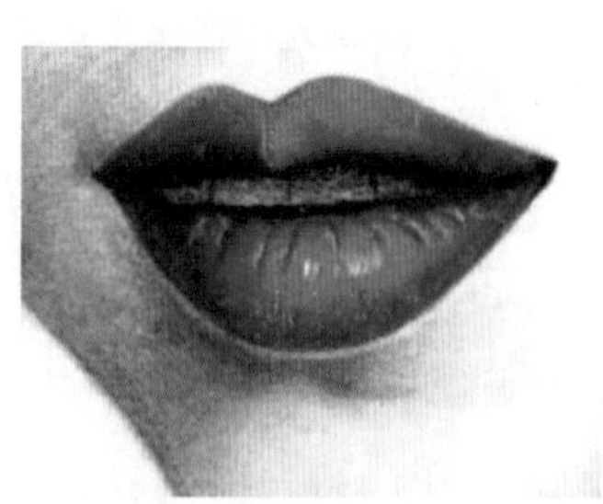
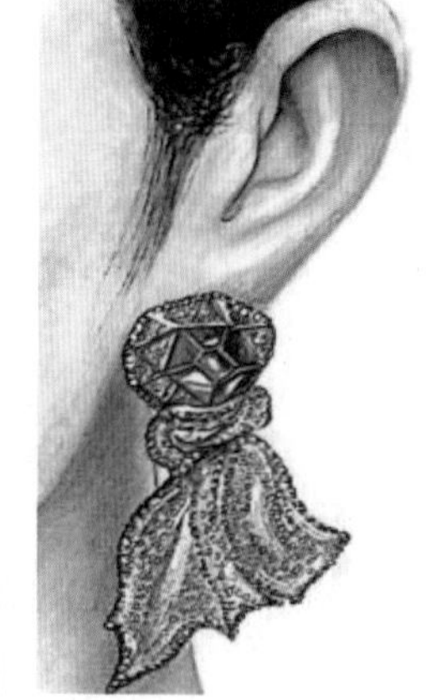

图2-8 局部素描

第三节　色彩与化妆

色彩总是能最先吸引人的目光，大自然的色彩自然而有规律，丰富且独具魅力。这源于太阳给人类的馈赠，其实我们所看到的颜色只是一种波长，大部分颜色是通过反射太阳光，再进入我们眼睛，并通过大脑产生的色觉。物体的颜色是由摄入人眼的光波频率决定的，不同的色彩会带给我们精神上及情绪上诸多的启示和灵感。而化妆师可根据 TPO 原则，为人物设定合适的形象色调，不仅要调整和修饰皮肤的颜色、妆容的颜色（底色、眉色、瞳孔色、眼影色、腮红色、唇色）、发型的色彩、服装的色彩等使其符合整体协调的色调，还应多做配色方面的练习，即了解色彩的属性，懂得色彩的运用方式及色彩的搭配与调配的方法。作为专业的形象设计人员，应学习在不同环境中，例如舞台、影视剧、室内、室外等各环境色彩变化中对人物形象的影响，来掌握色彩专业知识及应用，如图 2-9 所示。

图2-9　摄影作品

一、色彩色相、明度、纯度的概念

1. 色相

色相即色彩所呈现出来的质地，是一种色彩区别于另一种色彩的表象特征和主要依据，如可见光谱中的红、橙、黄、绿、青、蓝、紫等。从色相中我们可以感受色彩的冷暖、属性等。

2. 明度

明度即色彩的明暗程度，也称深浅度，是表现色彩层次感的基础。明度高指色彩较明亮，反之，色彩较灰暗。

色彩中的黑、白、灰被称为无彩色系，也可称为“消色”，其中白色的明度最高，黑色的明度最低，介于白色和黑色之间的是灰色，靠向白色的部分为明灰色，靠向黑色的部分为暗灰色。

色彩的明度与服装搭配、化妆品的选择有着密切的关系。如果肤色比较暗，那最好不要穿明度低的衣服，也要避免明度低的妆容，那会让人看上去更黑。当然，对于肤色暗的人，妆容也不是明度越高越好，过高的明度会起到反衬的作用，比如黑墙涂了白色涂料，反衬出来是灰色，甚至是脏色。因此，选择比自己肤色稍亮一度的衣服和妆容最好。

在彩色系中，任何一个色彩都有着自己明确的外部表象特征。例如，黄色系的明度最高、蓝紫色系的明度最低、绿色系的明度中等。

3. 纯度

纯度又称彩度，指色彩的纯净程度，也指颜色的鲜艳程度。如果一种色彩的鲜艳程度是同一个色相中最高的，那么它就被称为“纯色”。

黑色、白色是非常神奇的颜色，它们虽可轻而易举地改变明度，但本身是没有纯度一说的。

综上所述，色相、明度、纯度是色彩的三大属性，有彩色同时具备了这3种属性，而无彩色则只有明度，没有色相和纯度。

二、色彩是怎么产生的

我们通常见到世界万物的色彩实质是因为太阳光的照射产生的，如果在黑暗中，我们什么都分不清。太阳射向地球的光，实质是一种电磁波，因此在划分光的时候，我们以波长为标准，波的长度决定了光的种类。波长在400nm~700nm的光我们称为可见光，在可见光中红光的波长是最长的，紫光的波长是最短的。在这个波长外的光我们称为不可见光，包括红外线、紫外线、X射线、γ射线等。物体本身是没有颜色的，我们看到的颜色其实是物体表面的反射光。

三、色彩的种类

（一）色彩的冷暖

色彩的冷暖实际上来自人内心对色彩的感受，不因人的喜恶而改变，因此色彩和心理学是有一定关系的。合理使用冷暖色，可以改变人的心理温度，并产生令人意想不到的效果。

可以说，几种可见光之间的实际温度差别并不大，色彩带来的冷暖感受来自人们的内心活动和生活经历。按照人们对色彩的不同感受，可分为两大类：冷色和暖色。比如蓝、棕、黑为冷色，红、橙、粉为暖色。而中性色是介于冷暖色之间，不会表现出十分明显的冷暖感受的色彩，例如黄绿、紫红。

（二）无彩色、有彩色、金属色

1. 无彩色

由于可见光中没有黑、白、灰等颜色，因此它们不属于物理学概念中的色彩。有时称其为“消色”，从这层意义上来说不能称其为色彩。在心理学层面上，黑、白、灰不仅有完整的色彩性质，还在色彩的构成中起着重要作用。在无彩色系中，黑色和白色是两个极端，被称为“极色”。灰色介于黑白之间，具有柔和多变的性质，有虚无、空灵、中庸等含义。

在设计行业中，如果出现相互矛盾的两种颜色，设计师经常会选用无彩色进行过渡。无彩色虽然不能大面积使用，但是能够增添画面的层次感，使内容更加丰富，从而产生更强的装饰效果。

2. 有彩色

除了无彩色，其他颜色都属于有彩色，例如红、黄、蓝等。

3. 金属色

金属色指含有金属质地的材质所表现出的色彩。这种材质由金属元素或添加其他元素构成。金属材质在一定程度上保留了金属的某些特性，例如，奢华精美的金属线、金属丝、织金锦、金属亮片、金属铆钉、撞钉、爪钉。

而在化妆造型中，越来越多的化妆品加入金属色的元素，例如珠光眼影、钻石眼影，还有珠光提亮闪粉、珠光莹润粉底、珠光定妆粉、珠光口红等，很多高级的彩妆中运用了 3D 珠光粉来提高妆感的清透度，能够打造出具有光泽和璀璨效果的妆容，是很多时尚人士的彩妆首选，多以玫瑰金、冷金、暖金、亮银、暗银、金棕等色调呈现。

（三）金属色彩在造型设计中的运用

金、银、铜是常用的金属色。在化妆造型中，除了应用于服装面料、盔甲的喷染、珠串、饰品的装饰外，金属色还作为荧光效果应用到化妆品中。例如微珠光、魔钻、3D 璀璨珠光等珠光类化妆品。在影视剧中，通常使用亚光类化妆品，因为含有金属色的珠光类化妆品会在镜头中产生反光效果。因此，珠光类化妆品主要在日常生活、时尚秀场、舞台表演等场合使用。

1. 高纯度色彩

金属材料在视觉上具有独特的金属光泽且不透明，其反光的特性会使色彩得到筛选，有着其他材料无法比拟的高纯度色彩的美感。常被用来表现光影、闪亮等效果，并能展现奢华、高贵、中性或者冷酷的气质。

2. 浮华炫目感的色彩

添加了高闪光材质的服饰或化妆品具有炫目的金属光泽，具有柔滑的金属质地、富有未来感的反光材质，以及各种新颖的光亮质地，例如装饰感极强的水晶镶钻、彩色亮片和闪光的羽毛珠片等，为服装和面部妆效带来华丽耀眼的效果。就像月光下的大海反射着银色的波光，仿佛层层大浪掀起的水花上泛着无数气泡，犹如白色珠宝点缀的圆形图案，波光闪闪，令人心醉。

3. 金属色产生的肌理效果

肌理是指物体表面的纹理结构，即各种纵横交错、高低不平、或粗糙或平滑的纹理变化，是人们对设计物表面纹理特征的感受。金属色产生的肌理效果主要表现在以下 4 个方面。

1）立体感。立体感属于真实的三维肌理，给人以强烈的立体效果。一种事物的表面和侧面分别用不同的肌理来处理，可以增强造型的立体感和层次感，例如闪粉中大小亮片的组合效果。

2）软硬感。柔软的金属材料不仅造型丰富多变，更给人舒适之感。硬邦邦的闪光材质不易造型，虽然璀璨但拒人于千里之外，且外观多以直线条为主。

3）分量感。材料的密度等物理属性决定了材料的质量，但是色彩会在一定程度上影响人们对分量的判断，金属色彩密度高，会让人产生生硬感和沉重感，例如黄金色。而色彩轻且密度低，会给人轻快之感。

4）温凉感。材料表面的温度由材料的物理属性决定。

设计师在设计时要注意因地制宜，根据不同的条件，选择不同的材料，发挥肌理作为一个基本的因素在设计中的重要作用，使设计更为精彩。

四、色彩应用工具

（一）色相环

色相环是由色相连接而成的，也就是一种颜色区别于另一种颜色的特征，它集中反映了色与色之间的差别。而色彩中红、橙、黄、绿、蓝、紫是六大基础色相。例如在红色中加入黄色，就变成橙色，在黄色中加入绿色就变成黄绿色。如果把这些相近的颜色排列起来，就可以形成一个圆，这个色相连续排列的圆被称为“色相环”。在色彩应用当中，应根据需要选择色相环上的颜色，如图 2-10 所示。色相环上在 30° 范围以内的颜色都含有共同的色素，被称为“同类色”；任意颜色与其相邻的颜色之间被称为“邻近色”；色相环上任一直径两端相对的颜色被称为“对比色”。

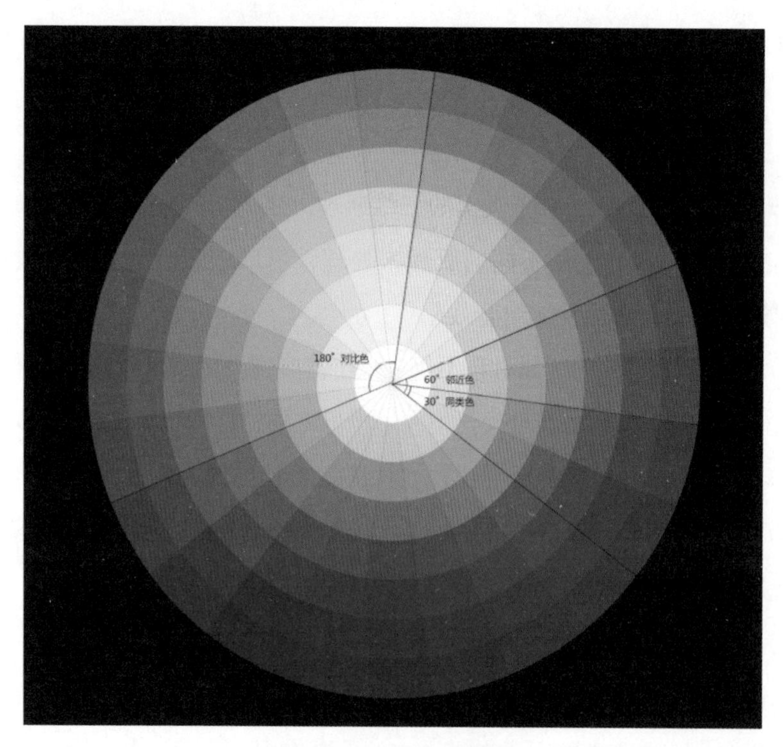

图2-10 基础色相环

（二）色立体

给色相、明度、纯度赋予不同的数值，就可以形成一个三维空间。这样，每种色彩都可以在这个空间内找到自己的位置。这个充满颜色的三维空间就是“色立体”，是色彩专家建立的色彩体系。常用的色立体有孟塞尔色立体和奥斯特瓦尔德色彩体系。色立体就像色彩词典，是科学化、系统化的工具书。

色立体用不同的数值为色彩定名，使颜色的名称科学准确。另外，色立体还形象地表明了色相、明度和纯度间的关系，对色彩的分类及研究也有着积极的作用。孟塞尔色立体是一个类似球体的空间模型，它的中轴是明度，两极分别是白色和黑色，黑色为 0 级，白色为 10 级，中间 1~9 级是等分明度的灰色；与明度轴垂直的地方则代表饱和度的变化，中心轴纯度为 0，越接近边缘纯度越高；明度轴为中心的圆周上则标注了不同的色相。不同的色彩在色立体上的坐标值就是世界上通用的“色彩语言”。

（三）色卡

色卡是非常方便、快捷及应用较多的色彩工具。把各种颜色印在卡片上，这张卡片就是色卡，当我们需要某一种颜色的时候，可以找到与它最接近的色卡，然后利用这张色卡重现颜色。目前世界上通用的色卡是 Pantone，音译为“潘通”，是享誉世界的色彩权威，平面设计、纺织行业、塑料制品行业都有通用的色彩样本。随着时代的进步，现在 Pantone 甚至有了数码科技方面的色卡，是当今色彩信息交流中的国际标准语言，如果想把产品推广到国外，一定要用 Pantone 的颜色样本。另外，在不同的地域还流行着不同的色卡，比如 DIC 色卡、RAL 色卡。国内普遍使用的是由中国纺织信息中心联合国际和国内顶级色彩专家和机构共同开发的 CNCS 色卡，是为服装设计师及服装研究机构提供权威时尚的色彩信息和色彩管理方案。

（四）色布

把各种颜色印在布片上，这种布片被称为色布，是专业形象管理顾问常用的工具，当进行个人色彩诊断时，色彩顾问会将色布辅在顾客的胸前，色布可映衬出顾客的面色，从而选出最佳的用色范围，提供包括冷暖、深浅、艳浊等最佳个人用色方案。专业色布如 CMB 等。色布的作用就是保证测使用颜色的准确性。

五、色彩的属性

（一）三原色、三间色、复色

1. 三原色

在有彩色里，有几种颜色是别的颜色怎么混合都调不出来的，我们称其为三原色。三原色分为两种，一种是色光三原色，包括红色、绿色、蓝色，又被称为 RGB；另一种是色料三原色，包括洋红色、黄色、青色。这几种颜色不能由别的颜色调和而成，故称原色。三原色中的红色、黄色、蓝色是色彩纯度最高的，达到饱和度的正红、正黄、正蓝。

色光混合和色料混合所产生的色彩效果是不同的。在色光三原色中，红色和绿色混合后能够变成黄色，绿色和蓝色混合后会呈现青绿色，而蓝色和红色的混合则形成紫红色。如果把色光三原色按一定的强度混合在一起，可以呈现出白色的效果，灯泡发出的白光就是这个原理。彩电、数码相机呈现色彩利用的是加法混色法，又称色光混色法、RGB 混色法。减法混色法又称色料混色法、CMYK 混色法。

2. 三间色

三间色又叫二次色，是由两种三原色调配出来的颜色，因此在视觉冲击力上没有三原色那样醒目，但会产生一定的视觉层次感和质感。红 + 黄 = 橙、黄＋蓝＝绿、红＋蓝＝紫，橙、绿、紫属于三间色。在化妆造型中，这些间色通过明度的变化或在色调中加入金属色后，能体现特殊的效果。

3. 复色

复色也叫复合色，由三原色与间色调和而成，间色与间色调和可以形成三次色。复色明度低，纯度也很低，运用得当会产生高级灰的效果，极具质感。若运用不当或搭配不和谐，容易给人造成“脏色”的感觉。因此，复色在化妆造型中的使用，是对化妆师妆面造型色调掌控感的一大挑战，就如绘画中画面的整体色调，亮的地方需要亮起来，暗的地方需要暗下去，否则会造成妆面灰灰的效果或妆效不精神的感觉。

（二）同类色、邻近色、互补色

1. 同类色

同类色指同一色相中不同的颜色变化，如紫红、深红、玫瑰红等都是红色这个范畴内的颜色，没有其他色泽的过渡。

2. 邻近色

邻近色指色环上任一颜色同其相邻之色，例如红色与黄色、绿色与蓝色互为邻近色。

3. 互补色

在色相环正相对的颜色为互补色，例如黄色与紫色、红色与绿色、蓝色与橙色都是在色相环 180° 相对角度的颜色，对比效果明显。

（三）色调

色调是指一件作品、一个场景或一个画面呈现的整体视觉感受。例如春晚舞台整体呈现喜庆的红色调，红色作为主色调渲染出热烈的气氛。另外，当你来到大海边，海天一色的冷色调会给人无限畅想的感受，蓝色就是这个画面的主色调。再如夜空下的沉静、星光的闪烁，神秘且沉稳的黑色调就是其整体色调。

色调能带来整体的舒适感，给人集中的感染力。色调主要由色彩的色相、明度、纯度 3 个元素决定，如果其中某一因素起主导作用，就称其为色调。所以，造型作品要在统一中求变化、变化中有统一的感受，色调的整体设计与制定尤为关键。尤其是在许多影视作品的拍摄中，导演都要提前定一个“色调”，以展示作品的品质及氛围感。

六、色彩的 3 个性质

（一）识别性

色彩的识别性是指某一种颜色在众多颜色中容易与其他颜色区别开的性质。要提高色彩的识别性，颜色的搭配是有一定规则的，如果只选用 5 种颜色进行搭配，那么红色、绿色、黄色、蓝色和白色搭配出来的结果就有非常高的识别性。此外，色彩的识别性与背景色之间有着很大的关系。

（二）诱目性

色彩的诱目性是指颜色引起人们注意的程度。如果某种颜色在众多色彩中第一个被人注意到，说明这个颜色具有最高的诱目性，也就是说它是最显眼、最醒目的颜色。我们在造型搭配中，可以将色彩的诱目性作为造型的吸睛之处，打破沉闷，产生灵动的效果，从而起到点睛的作用，也可以利用具有诱目性的色彩发出警示。

（三）视认性

视认性指颜色的可视性，即在一定的背景下色彩在多远的距离以及多长时间内能够被辨别出来。对色彩视认性影响最大的是色彩和背景之间的明度差，一般来讲，底色与图形色的颜色差别越大，视认性就越好。

七、色彩在化妆中的运用

（一）色对比

色对比是区分色彩差异性的重要手段，主要指色相对比、明度对比、纯度对比、面积对比。对比强烈，就会给人兴奋、刺激、炫目、强烈、突出、进退之感；对比平缓，就给人舒适、惬意、柔和之感。在化妆时巧妙地运用色对比，妆效的节奏感就如音律般演绎了出来。

1. 色相对比

色相对比包括同类色搭配、邻近色搭配、互补色搭配三大类。不同的搭配风格在妆容中产生不同的视觉效果，互补色搭配的对比较为强烈，同类色搭配样貌较一致，邻近色搭配能凸显韵律变化。

2. 明度对比

明度对比是指色彩之间明亮程度的对比。妆容对比效果强，如同素描关系中深浅明暗的对比强，对五官的塑造、立体面容结构的打造都是以层次明暗对比突出结构的立体效果。

3. 纯度对比

纯度对比是指高纯度色彩与含灰色彩之间的对比。例如，艳丽的眼影与白皙的皮肤所形成强烈的对比，就会出现强化和演绎的妆感，例如国际影城的大型花车表演或舞台表演中演员的妆容，给人醒目与夸张的诱目效果。

4. 面积对比

面积对比是指两个或多个色块的相对色域，是大与小、多与少之间的对比。

化妆造型中对色块面积的掌控尤为重要，化妆造型中多为点、线、面的组合运用，色彩面积的分布能体现妆效的主色调即主次之分。色彩的地位是由其面积大小决定的，面积大的为妆容的主导色，面积小的为辅助色，加上点缀色的合理运用，配以黑、白、灰等消色的搭配，能够形成较稳定的妆效。否则，既不能突出重点，也不能凸显关键部位的强调作用。总之，要以整体妆效的主次分明、色彩均衡、强弱有序、点缀精彩为目标。

（二）色协调、色强调、色联想、色象征

色协调就是在人物整体妆效中，色彩分布主次分明、协调统一。色强调就是突出并强化局部特点，做到醒目、吸睛。色联想就是使色彩给人不同的心理感受，不同的色彩给人不同的心理映射。色象征，即色彩意义的表现，例如绿色给人和平感，蓝色给人清透感，白色给人神圣感，黑色给人神秘感等。

第四节　雕塑与化妆

随着国内外影视作品的不断丰富，人们的视听感受需求逐渐趋向立体化，人们对影视作品中各类造型角色的塑造也提出了更高的需求，很多影视作品中的角色形象透露出一个国家高科技水平发展的现状。于是凸显时代感的影视作品越来越多，例如众多元宇宙作品的开发及应用，透露出造型手段不能仅靠丰富的渲染及绘画，还需要采取各类立体塑造手段进行制作。因此，各种影视特效人物创意层出不穷，不断挑战着化妆师的综合素质，专业化妆师不仅要对造型进行整体设计，还要从平面到立体实物进行制作和实际应用，尤其在科幻类、魔幻类、仙侠类影视作品中，对人物、动物、植物等的特效造型，不仅需要化妆师有扎实的美术功底，还需要具备雕塑能力来应对多变的造型需求。很多造型需要进行从阴模到阳模的重塑，动物毛发及牙齿、耳朵等形态的夸张塑造等，都是借助雕塑技巧才得以完成的。

可以说，雕塑手法不仅能给化妆师提供更大的实践空间和想象力，还可以通过人物的创新塑造，配合更先进、更科学、更完善的电脑设计等智能手

段，完成角色塑造的创新设计。很多角色作品是从平面绘画实践到立体雕塑的飞跃，是将意念转化成实物的过程。而化妆塑形妆效的完成是在雕塑手段完成后进行的，即绘画是化妆设计的第一步；确定模特是第二步；根据模特形象进行基础形象模具的翻取是第三步；在翻取的模具上进行重塑是第四步；翻模具制作假皮或粘毛发、做局部零件等工序是第五步；试妆粘贴、底色及色彩渲染等是第六步；观察整体效果，调整或进行电脑制作等是第七步；成型实施定妆是第八步。

雕塑技术是人物造型创新技巧的保障及基础，不仅让化妆师从立体中得到感悟，还可以促进各类高科技化妆材料的研发。因此，化妆与雕塑的关系是从人物造型平面设计到立体制作的最佳展示方式，直观、立体，给人不断创新的动力。

形象教练复盘思考：

1. 素描训练为何是所有艺术表现中最基础，也最容易掌握的训练方式？
2. 色彩的掌控是否要在色彩的原理中进行实践？
3. 色彩运用的规律有哪些？
4. 雕塑技巧是否会对造型的创意提供必要的借鉴？

第三章　化妆工具和护肤品的选择与使用

形象教练提问

教学目标：化妆师是否要先懂得“工欲善其事，必先利其器”的道理呢？

教学现状：如何选择专业的化妆品、化妆工具？

教学方案：化妆师是否需要掌握更多材料的使用方法来满足设计需求？

教学行动：化妆师是否需要打好造型材料识别和应用的基础，以更高效地进行创作？

化妆工具与材料的研发是推动化妆造型事业迈向高科技时代的重要环节。随着影视剧及舞台人物、动漫形象的不断丰富，现代化妆造型的想象空间及思维转换速度不断加快，对专业化妆师的职业素养提出了新的标准及要求，即不仅要具备一定的美术基础，更要具备优秀的造型设计能力、实践能力以应对千变万化的造型角色要求。既要从理论中获取造型材料进行分析，还要从实践中借鉴和学习最新的研发经验。

化妆师无论是在人体或物体上完成哪类设计实践，例如对面部五官、发型、皮肤、牙齿等的制作，都有可能接触到专业基础化妆材料及工具与专业特殊化妆材料及工具，甚至在特殊情况下，生活中的很多材料都可以应用到化妆造型中，例如啫喱膏用于伤效、巧克力和红酒用作血浆等。因此，化妆师应对造型材料具有极为敏锐的感知力和驾驭力，带着好奇心不断尝试新鲜事物，尽可能创造丰富多彩、千变万化的造型世界。

在化妆基础素养里，我们要从了解和掌握基础化妆工具和材料入手，为进行专业的化妆设计打下坚实的基础。

在化妆造型技术不断进步的同时，化妆材料和工具也在不断地更新换代，只有不断关注市场变化，合理地选择、掌握工具及材料的使用方法，才能创造出得当而理想的化妆造型。

第一节　基础化妆工具、发型工具、材料、附加物

化妆师应具备更加全面的造型能力，仅完成人物面部的化妆是不够的，还需要具备基本的头部化妆造型能力，即完成妆面和发型的制作。本节介绍基础的化妆工具和发型制作工具，以供初入化妆造型专业的读者借鉴。

在开始本节的学习之前，请遵守一个原则，那便是保持工作台的整洁，如图 3-1 所示。

图3-1　化妆品的基本摆放

一、基础化妆工具

（一）化妆刷

1. 化妆刷的种类

化妆刷分为两大类：动物毛刷和人工纤维毛刷。动物毛刷有不同的等级，最常用的为灰鼠毛刷，毛质柔软，刷型饱满，刷毛不易脱落，刷头呈自然弧形，没有人工修剪的痕迹，用到脸上非常细腻和柔软，一般在涂抹粉质化妆材料时使用。动物毛刷一般为亚光自然毛色；人工纤维毛刷是化纤类材质，毛质发亮，一般在涂抹油彩、粉底、彩绘膏等油脂或水质材料时使用。初学者请一定准备两套风格互补的专业化妆工具。

动物毛刷每套为 30 支左右，而人工纤维毛刷每套在 10 支左右，有时动物毛刷中有 1~2 支人工纤维毛刷，请新入门的化妆师在教师的指导下，逐一了解化妆刷品质的鉴别及应用方法，这里就不赘述了。

2. 化妆刷的保养方法

化妆师要非常爱惜自己的刷子，这是化妆师的武器，就像战士要佩枪在战场上才有战斗力。化妆颜料是化妆师的子弹，只有在恰当的时候选择恰当的化妆刷和化妆材料，才可达到创造的目的。

动物毛刷的保养：毛刷在使用时尽量一支一色，不要同时沾取很多色，容易破坏妆效。每次取粉时，请控制好沾粉量，否则容易造成色粉堆积。

动物毛刷的清洗：将品质较差的散粉放到废旧的勾扑上，对刷子进行顺毛干洗，这样很快刷子就会清洗干净，还可以迅速投入使用。

人工纤维毛刷的保养：可以用洗发水清洗，也可以用专业洗笔水或清水进行清理，视刷子沾取的是油性材料还是粉质材料而定。

（二）喷枪

喷枪是化妆工具中的高端工具。喷枪起源于美国好莱坞电影基地，最初用于制作影视作品中角色的特型妆面及全身喷染，可以实现自然渐变晕染的贴合效果、凹凸不平的特效妆面。化妆师在实际操作中察觉到喷枪用于底妆的种种便利，于是从美国好莱坞顶级化妆师，到明星个人，再到各国影视剧化妆师，喷枪化妆逐渐流行起来。

喷枪于 20 世纪 90 年代传入中国，2010 年国际喷枪化妆品牌正式进入中国专业化妆市场，而中国也研发出了自己的喷枪化妆品牌，并逐渐在国内一线化妆师圈内盛行。现在，广告用妆、舞台表演类用妆，甚至是生活类用妆，例如新娘跟妆都会使用喷枪化妆。

高清雾化喷枪是一种利用气流配合特制粉底上妆的工具，配有模板，在进行眉形、眼影、唇形、腮红等小面积上妆时可以做到精准渲染，为化妆师的创作提供了便利。高清雾化喷枪所产生的雾化气体分子量非常小，打造的妆面更加细腻、光滑，妆容更加持久，并有提升、收紧、遮瑕的多重功效。

喷枪化妆不仅使着妆者拥有光滑、均匀的皮肤，还能实现自然的无感妆效。喷枪化妆时化妆工具不与皮肤直接接触，这是常规化妆做不到的。

1. 喷枪化妆的步骤

喷枪化妆术对初学者而言很难，这也是普遍只有专业化妆师使用这项技术的原因。

在使用喷枪化妆之前，首先需要洁面，确保肌肤表面的油脂和污垢已经被清除了。然后进行保湿，这是避免皮肤缺水的日常护肤必要步骤。最后用喷枪工具进行化妆。

将粉底等专业的上妆颜料装入喷枪中，使用低压将粉底颜料喷到皮肤表面。化妆师可以使用支架进行固定，熟练的技巧是妆容均匀的必要条件。为避免着妆者吸入粉底颜料，需要覆盖鼻腔、嘴巴，并且闭上眼睛。化妆液中含有的溶剂会蒸发，起到定妆的作用。

2. 喷枪化妆与常规化妆的区别

喷枪化妆最大的优势是配有眉形、唇形等模板供化妆师使用。经验丰富的化妆师也可以根据自己的设计需求制作模板，拓宽自己的创新思维，并通过实践表现出来。

好的喷枪工具和颜料可维持 18 个小时左右的妆效。喷枪化妆后可随时补妆，它可以应用于身体的各个部分，消除皮肤毛孔阻塞，所使用的工具因为不与皮肤接触，所以在一定程度上保证了卫生。

（三）辅助工具

1）海绵：多用作粉底膏或粉底液的涂抹工具，种类繁多，形状各异，可根据需求选择不同质地和形状的海绵，有些海绵具有遇水变大的特点，价格也偏贵一些，其作用是让油性粉底膏更加湿润和贴合肌肤。

2）粉扑：用作定妆时应选用纯棉质地的粉扑；也可佩戴在小拇指上，用作与客户面部隔离的支撑工具。

3）修眉剪：因为要修剪眉形及美目贴等物，所以多半是有弧度的，此类工具的特殊性较明显。

4）不锈钢调色板和调刀：调色板用于调和粉底等颜料，拿在手中配合化妆刷进行化妆造型；调刀用于沾取粉底或刮去颜料浮层。

5）美目贴：调整双眼皮宽度和眼形的工具，又称双眼皮胶带，可在仿效妆里用于粘连皮肤。美目贴大致分为纸质、普通塑料、影视用塑料、网纱、绢纱等几种。

6）睫毛夹：用于卷曲睫毛。根据睫毛夹的弧度分为欧式和中式两种，用于不同眼形睫毛的卷曲。对于睫毛较硬，非常难卷曲的情况，可以用电子卷烫睫毛夹来处理。

7）睫毛胶，分为透明、白色和黑色 3 种，另有防过敏睫毛胶。

8）假睫毛，根据睫毛粗细、长短分为多种型号。有完整的一整条的睫毛，也有一簇一簇或一根一根的睫毛，并且有上睫毛和下睫毛之分。

9）棉棒：用于晕染或清理边缘。

10）纸巾：用于净手、擦拭工具、清洁或消毒。

11）卸妆油、卸妆棉。

12）化妆箱、化妆包：化妆包承载着化妆物品和化妆师的梦想，其款式不同，价格也不同，样式和内置结构的选择空间较多，化妆师可以根据实际情况进行选择或定制。

二、基础发型工具

（一）工具

1）尖尾梳：尖尾梳是化妆师必备的发型工具，化妆师在完成妆面后，可用尖尾梳进行发型的分区、盘包、打毛、梳理等。

2）滚梳：在吹头发的时候辅助化妆师调整发型弧度，使头发更蓬松。

3）排骨梳：进行大面积发型和发量的处理。

4）包发梳：盘包头发时使用。

5）电卷棒：电卷棒按照粗细程度分为18号、25号、28号、32号等，可以根据卷发的密度及弧度来选取，一般造型多用25号电卷棒。

6）卡子：如小钢卡、“U型”卡，用于固定头发。

7）皮筋：皮筋的种类较多，薄款的黑色皮筋和彩色皮筋用作小发量的捆绑，较粗的黄色或黑色皮筋用作专业扎发，还有一种缠线皮筋常用于日常扎发。

8）鸭嘴夹：头发分区时使用的工具。

9）电夹板：拉直、拉高头发时使用的工具。

10）吹风机：做发型必备工具。

11）小喷壶：喷洒液体的工具。

（二）发型制作材料

1）碎发整理膏。

2）发胶。

3）发蜡。

4）啫喱。

三、化妆材料

化妆材料的种类可谓丰富多样，从大众品牌到高端奢侈品牌，琳琅满目，而且地域特征尤为明显。东西方护肤品牌在世界各国从一线城市到三线城市，都有不同的定位，护肤品牌非常注重不同国家和地域人群的肤质特点，相同系列的产品配置成分会因地域和肤质略有不同。人们在生活质量不断提高的同时，对知名化妆品牌更是青睐有加。以各类面霜和香水为例，包装的奢美感受，有时比实际内容更加吸引人们的眼球，很多化妆师也因拥有一套高端专业的品牌化妆产品而对工作更有认同感。

（一）护肤用品

洁面、护肤水、护肤液、精华液、护肤霜、隔离霜、防晒霜、卸妆产品等。

（二）彩妆用品

粉底、遮瑕、散粉或粉饼、高光、眉粉、眉笔、染眉膏、眼影、油彩、彩绘膏、眼线笔、眼线粉、眼线液、眼线膏、睫毛膏、腮红、口红、修容饼、肤蜡等，以及伤效用品。

（三）识别品牌

如今，化妆品牌层出不穷，但国际一线化妆品牌仍然吸引着大多数人的目光。很多国际一线化妆品牌有着专业的研发及营销团队，每年不断迭代和更新，刺激人们消费。了解、懂得选择产品、应用等知识和技能，是当代化妆师应具备的基本素养，通过识别和了解化妆品牌，对市场的变化进行实地考察，可以培养化妆师的时尚意识，掌握前沿化妆材料的研发和营销情况。

四、化妆附加物

化妆造型需求的增加也带动产生了很多新的化妆附加物，例如水钻、羽毛、亮片、彩喷、蕾丝、纸、植物等。

第二节　护肤品的选择及使用

一、化妆护肤品的选择与应用

化妆品也是一种化学品，含有有效的活菌成分，对肌肤有保护、滋养、修复、改善肤质等作用，因此，如何选择一套适合自己的护肤品呢？这是很多爱美人士最想知道的，我在此提供几个方案供大家选择。

化妆品分为护肤品和彩妆品两大类，如果商场化妆品打折，你会选择存储一些护肤品还是彩妆品？这个问题很多人可能都遇到过，大多数人认为护肤品平时价格昂贵，打折就多买一些吧，以至于买了很多护肤品搁置起来。

（一）护肤品为何昂贵且不能长期储备

护肤品有保护肌肤弹性的作用，在干净且健康的肌肤上化妆效果才会好。同品牌的护肤产品比彩妆品价格要高，这是因为护肤品里的活菌成分是有时间限制的，护肤产品里的活菌成分一般存活 4~6 个月，如果你囤积了大量的护肤品，可能导致的结果是，你还没有用完，里面的活菌成分就已经死亡了，根本不可能用出物有所值或理想中的效果。想要更好地保护皮肤，一定要在有效期内尽快使用。反之，搁置或省着用才是真正的浪费。

护肤品的正确使用方式：一要根据自己的肤质选对产品，以达到对应的效果；二要尽快使用；三是每次用量一定要够，千万不要“心疼”你的护肤品，否则真的是无效使用。最好不要使用同一个品牌的同一款护肤品超出 5 年，而是要根据年龄的增长，变换品牌或使用该品牌适合你年龄段的升级产品。这也是很多高级化妆品牌针对不同年龄段要定位一系列产品的原因。

（二）彩妆品可以适量储备

彩妆品是在护肤品以外对人的第二层保护，起到装饰作用。我们可以适量储备彩妆品，也就是说，彩妆品比护肤品的选择余地更大。护肤品因为有皮肤修复类化学数值配比，因此很多消费者一旦选定自己喜欢的护肤品，就会习惯性地去购买，而彩妆品则是随着流行趋势，不断进行着更新和迭代。

二、化妆品地域跨界的最佳选择方案

无论你是否是专业的化妆师，你都要了解的一点是，如果你到了欧美国家，给朋友带化妆品或自己购买化妆品，请尽量选择彩妆或香水，不要选择护肤品。因为地域和人种的不同，欧美市场上的护肤品是适合当地人种肤质的，不一定适合亚洲人使用。反之，如果到了韩国和日本等亚洲国家，可以选择护肤品。因为地域和人种相似，护肤品是按照亚洲人肤质的特点研发的。

第三节　护肤产品及精油

一、面护套装的选择

四季中，春季适合补水，夏季适合防晒，秋季适合美白，冬季适合滋养。也就是说，春暖花开，风量较大时，我们需要进行皮肤补水，避免皮肤因为缺水而干燥和出现裂纹；夏季防晒是根本，因为紫外线的照射是使人们皮肤迅速

老化的重要原因，在夏季最好做到一天涂抹两次以上防晒霜；秋季是收获的季节，是为过冬做好储备的最佳时间，美白在这个季节尤为重要，因为在炎热的夏天过后，秋天是对皮肤进行修复的季节，美白的同时要大量地补水，因为美白产品里含有让皮肤干燥的成分，因此想要产生更好的美白效果，应在秋季进行补水，让肌肤得到充分的修复；而在寒冷的冬季，应选择滋养类的护肤品，让皮肤在冬季得到更好的滋养。

二、护肤品的选择

护肤不是女士的专利，男士也可以选择成系列的护肤产品来保护自己的皮肤。有些人认为用男士洗面奶洗不干净，还是用香皂好。可是用香皂时间久了，皮肤越来越干，也越来越敏感。男士可以用一些温和的洗面奶，然后用平衡肌肤水油的营养水、柔肤水。

男士对护肤品的要求也很高，男士的皮脂分泌比女士多出一倍。如果不使用合适护肤品，在鼻头、额头（所谓 T 字部位）很容易长出黑头，甚至满脸暗黄。而长期积累在毛孔内的油垢，会使脸色看起来暗沉、污浊并且使痤疮加重。然而很多男士不懂得控油的必要性，举个例子，不断往一个碗里倒油，油满则溢的道理大家都懂。男士皮肤的油性分泌物偏多，更应选择有效的护肤方法，可以先用带有控油功效的洗面奶洗脸，再用高补水乳液护肤，让皮肤达到水油平衡的效果，才是最有效的抑制痘痘频发的方法。男士在选择护肤品时要注意以下几点。

（一）功效相近的不要一起用

有些人认为功效相近的护肤品叠加使用，会有加倍的效果，这种想法是错误的。成分或功效类似的产品在搭配组合后，功效反而会被削弱。道理其实很简单，无论各品牌怎样推销它们的产品，具有相近功效的产品其所含成分或作用原理都非常类似。再加上肌肤本身的吸收能力是有限的，营养过多肌肤也吸收不了，甚至可能出现排斥反应。

（二）混用时要注意顺序

除清洁外，护肤品基本上是按照化妆水、精华液、凝胶、乳液、乳霜、油类产品这样的顺序使用的。这个使用顺序是因为油类产品的分子较大、滋润度较高，涂抹后会在肌肤表面形成一层膜。如果先涂抹此类产品，分子较小的水状、精华液类的产品就很难再被肌肤吸收了，更谈不上发挥作用了。

（三）敏感肌肤的选择

如果是敏感肌肤，那么日常护理应尽量选择不同品牌的含有镇定、安抚功效的护肤品，一旦出现干燥、脱屑、发红等不适状况应及时就医，尽可能降低外界刺激对肌肤的伤害。

三、精油护肤品的识别及使用

很多化妆护肤品中都含有精油的成分，作为美容护肤的佳品，我们要了解选择精油的基本方法和应用知识。

（一）认识精油

精油不是油，而是从植物中萃取的精华，相当于植物的血液和灵魂。精油既不溶于水也不溶于油，是独立的分子。精油分为复方精油、单方精油两种。单方精油是从某一种植物中萃取的植物精油，不能直接用于皮肤，必须用基础油调和并稀释后才可使用。复方精油是为了实现某个功效，按照一定比例和配方，选择合适的基础油调和而成，不用再稀释，可以直接用于皮肤。

（二）精油的功能与种类

1）控制食欲：迷迭香、杜松、葡萄柚。

2）散香：薰衣草、香茅、佛手柑。

3）护肤：玫瑰、橙花、乳香。

4）安神：薰衣草、檀香木。

5）提神：桉树（尤加利树）、葡萄柚、佛手柑、欧薄荷（可治晕车）。桉树精油还有净化空气的作用，如果你身边有感冒的人，你可将一滴精油滴在衣领处起到一定的防护作用。

6）烦躁不安：马乔莲、香蜂草、杉木。

7）皮肤瘙痒：天竺葵、苦橙花、蓝甘菊、桃金娘。

8）情绪低落：薰衣草、鼠尾草、玫瑰、甜橙。

（三）正确使用精油

1）孕妇不能使用精油。

2）精油不易多闻，闻过量了，会产生头疼和精神亢奋的情况。适量使用可以提神醒脑，演员在演出前可闻一些精油来充沛精神。

3）选择香薰炉来释放香气时，优选品质好的扩香石材料的香薰炉，这样才能更好地传播精油的香气，也可以选择经济实惠的玻璃香薰炉。

4）精油可滴在枕头上，也可滴在衣领上，但一滴即可，不能多。精油不是油，滴在衣物上不会产生油渍，如果产生了油渍，证明精油不纯。

（四）选择精油

1）看包装：精油的容器一定是深色的玻璃瓶，一般是咖啡色、蓝色、绿色的玻璃瓶。将调和过的精油放在深色的瓶子里，可以保存较长时间。另外，需要避免紫外线照射导致精油变质。

2）看标注：看标签上是否有“essential oil”这个词，其表示纯精油，未标识则可能是不纯的精油。

3）拉丁文：一般正规精油在品名下会有一段拉丁文。

4）看容量：精油的国际标准容量是9—10ml，有些昂贵的精油可能不足10ml。

5）看价钱：不要购买价格过于便宜的精油。

6）问产地：每种精油都有不同的产地，比如茶树精油一般来自澳大利亚，法国南部的普罗旺斯生产的薰衣草精油品质最好。

（五）精油的保存方法

精油怕水、光照和空气，最好放置于木盒保存，大概十年、二十年都不会坏。尽量不要放在浴盆旁、冰箱里和阳光能照射到的地方。

四、安瓶的使用

（一）什么是安瓶

安瓶是一种浓缩的精华液，且浓度极高，其中对皮肤有效的成分至少占90%，甚至高达98%，是晚霜或营养霜的10多倍。安瓶的使用效果比面膜更好，能够让肌肤在短时间内达到最佳状态。在化妆前使用适量安瓶，能够迅速补水、收缩毛孔，打造更好的上妆基础。有时可将安瓶和粉底混合使用，使底妆更加贴合和自然。

（二）安瓶的特点

密封性好、浓度高、平衡水油、携带方便、改善肌肤敏感状态。

（三）安瓶的分类

紧肤安瓶、保湿安瓶、抗老化安瓶、定妆安瓶。

（四）安瓶的使用方法

一般在爽肤水之后使用，将安瓶均匀地涂抹在面部或身体裸露部分，用手轻拍促进吸收。安瓶开封后应尽快用完，以免失效。

形象教练复盘思考：

1. 如何正确选择化妆工具及化妆品？

2. 是否已经了解护肤品和彩妆品的区别并掌握其原理与使用方法？

3. 对众多化妆品和化妆工具的了解、掌握、分析及熟练应用是否是化妆师不断走向专业的必备能力？

第四章　职业素养

形象教练提问

教学目标：怎样理解“美好的外在表现是一个人由内而外的综合体现”这句话？

教学现状：化妆师如何成为不断为人类创造美好的人？

教学方案：培养化妆师的职业素养应该从哪里开始？

教学行动：举手投足、言谈举止，化妆师的行动应如何体现美的影响力？

第一节　化妆师的素养与礼仪

一、化妆师的素养

“化妆师”这个称呼在如今社会大众的认知中有着全新的解读。化妆师分为摄影类化妆师、时尚或传媒类化妆师、电视台化妆师、戏剧舞台类化妆师、影视剧化妆师、特效化妆师等，尽管所处环境和面对的客户不同，各类化妆师都应有基本的专业素养，有一颗美好而坦然的心和一双创造美好的巧手。

（一）勤奋自律

即使是入行不久的化妆师也知道，作为一名专业的化妆师通常需要比客人或演职人员早起很多，需要提前准备造型工具。这是一份既细致又大胆、既痛苦又快乐的工作，需要做好服务人、事、物的心理准备。

（二）责任心强

任何一项化妆造型任务，都与作品价值息息相关，造型是显而易见的，需要相关人员的肯定和配合才能更好地实现。化妆师必须具有敬业精神，平时多积累经验，只有多思考多实践才能适应多变的社会。一个责任心强的化妆师对自己的专业是严谨和苛刻的，走到哪里都能突出职业素养和个人魅力，而且不断审视自己的作品，持续不断地改进和研究。

（三）团队意识的建立

化妆师不能缺少团队意识，很多情况下需要与人协作才能顺利完成作品。化妆造型是一门艺术，经过发型设计、化妆、服装、拍摄、宣传等一系列环节，才能实现这个造型作品的价值。化妆造型是一门综合的艺术，化妆师必须具备良好的沟通能力、讲解能力、社交能力，不仅能设计，而且在与人讲解和沟通时有说服力，能成功输出自己的造型观念并得到团队的理解和认可。尤其是彩妆师，经过自己的巧妙演绎和精彩讲解，使化妆品的价值输出最大化，是化妆品牌推出、更新产品的重要环节及通道。

（四）信赖、专业、诚信是化妆师必备三要素

专业化妆师是值得客户信赖的，要理解客户需求，分析客户的特点，做到因人而异，有效推荐。化妆师要了解各类化妆品牌的主打产品的适合人群，为客户提供最佳建议，打造适合客户肤色、气质、特点的妆造，以诚信、专业来让客户成为你的忠实粉丝。

（五）随机应变的能力

特别是影视剧化妆师要根据剧本要求提前准备出造型需要的物品，但在实际拍摄过程中，化妆师往往要应对很多突发状况，以满足导演的临时拍摄灵

感。这时候最能考验化妆师的应变能力，化妆师要做好这样的心理准备以应对多变而复杂的拍摄环境。

总之，要想把化妆造型做好，先要学做人，只有美丽的心灵才能营造动人的面容。个人审美要不断提高，手法利索、干净，做事心思缜密、顾全大局，做人勤恳踏实、责任心强，高标准要求自己，自信自立，以具备个人魅力和影响力为目标。

二、化妆师礼仪

（一）亲切的问候与沟通

亲切、礼貌的问候和良好的沟通能力对专业化妆师来说是非常重要的，因为化妆过程和场合不同、着妆者适应能力不同、个人妆前习惯不同，以及对方有没有化妆品过敏史、是否接受轻易修改妆容等情况都需要进行前期沟通。化妆师与着妆者在首次合作的时候要进行交流，让着妆者对化妆师产生信任感。在了解彼此的同时，化妆师可以仔细观察着妆者的个人特点、兴趣喜好，便于采取得当方式，争取造型方案的顺利实施。有时导演的意图没有在化妆师和着妆者之间达成共识，在拍摄过程中会产生问题和矛盾，坦诚合作、达成共识很重要。

（二）微笑

化妆师的微笑是表达自信与美好的媒介，可以使着妆者放松和产生信任。化妆造型是给人带来美好和快乐的事情，绝不是在没有沟通与了解的情况下实施的机械复制行为。

（三）着装要求

化妆师的着装应整洁、大方、得体、美观、时尚、个性、干练，让客户产生信赖感。

（四）发型要求

首先，化妆师的发型和发色可唯美表现，发色符合自己的气质，但不要过分强调艳丽和个性，这会给客户带来紧张感。其次，在工作时请扎好头发，尽量不要散开，这样一方面可以彰显干练自信，另一方面也避免给人慵懒或不精神的感觉。此外，散开的头发有时还会挡住视线或沾染胶水等化妆品，造成不必要的麻烦，不利于造型工作的开展。

（五）手部要求

化妆师应保持双手干净、整洁、柔美、利落，不要留过长的指甲，或做夸张的指甲装饰，否则会使客户产生紧张的情绪。还容易划到或钩到客户的皮肤或头发，给人一种职业素养欠佳的感受。

（六）气味素养

首先是口气问题，请注意不要在工作前吃气味过大的食品，例如辣条、大蒜、韭菜等，口香糖是化妆师的必备品。其次，适当使用香水，不要影响客户的感受，少量且清新的感觉是造型的最妙氛围。

（七）距离掌控很关键

化妆师应尽量站在着妆者的右侧，并调整好着妆者座椅的高度，不要过分迁就着妆者的高度，否则时间久了腰椎和颈椎会产生伤痛。着妆者和镜台之间要保持化妆师一身位的间距，确保足够的施展空间。

（八）手势要求

化妆师为着妆者化妆时，不能生硬地将手放在着妆者的头发上，也不能将涂有颜料的手背无意识中蹭到着妆者的肩膀和头发上。化妆师要养成随化随清洁的良好习惯，在处理粉质颜料时一定要远离着妆者，不能将粉质化妆品吹到着妆者的脸上或身上。

（九）坐姿

如果化妆时间较久或你认为适合坐下来为客户服务，可以将座椅调节到比着妆者高出20厘米左右的高度。这样既能保持较好的视觉效果，也可以产生亲近的感觉。座椅最好位于着妆者的一侧，不要坐到着妆者的对面，腿碰腿是不专业的表现。

（十）妆前准备

化妆师一定要养成提前到现场的习惯，要在客户或演员来之前，摆放和整理好所有的化妆品及化妆工具、消毒工具、辅助工具。专业的化妆品和工具摆放是化妆师的基本素养，不要让客户等你或当着客户的面仓促准备造型用品。化妆师需要在上妆前与着妆者沟通其护肤情况，确定是否需要先护肤或敷面膜，开始上妆前要查看着妆者的面部是否需要卸妆。化妆师的小拇指上一定要悬挂一个干净的勾扑作为基础面部造型化妆时的支撑，这是因为化妆师的手不能直接碰触着妆者的脸，这也是专业化妆师的一项基本素养。

（十一）卸妆材料的准备

卸妆工具是化妆工具的一部分，在上妆前，着妆者可能自带妆效，并没有素颜，因此需要化妆师在现场提供卸妆工具、卸妆耗材，如卸妆油、面巾片等以便卸妆。另外，在化妆过程中，如果角色造型需要变装，妆效也需要进行相应的更改。因此，化妆师提前准备卸妆工具及卸妆耗材极为重要。

第二节 妆前护理

妆前护理环节包括为着妆者佩戴发箍、遮挡围布、修饰眉形、妆前补水、上妆前隔离乳等。化妆师要了解着妆者的基础肤质，判断是否需要补水或上护理油等。最重要的是在上妆前一定要先将着妆者的眉形修整到最佳妆效，这是因为人们的脸型大都不是很对称，眉毛多半也会一高一低、一粗一细、一深一浅，疤痕、眉毛缺失等情况都很常见。我们造型的对象大都是普通大众，眉形完美的人是少数。以上情况在妆前护理时化妆师都要采取合理措施，根据男性和女性的区别进行处理。

一、妆前护理程序

（一）顺序

修剪基础眉形—使用温水洁面—配合洁面乳进行—使用补水面膜（面膜只起到临时改善皮肤的作用，不能持久）—涂两遍保湿水—涂抹精华霜或底油—涂抹眼霜—使用大量的护肤乳—涂抹妆前隔离乳—涂抹防晒霜—涂抹护唇产品（使用具有修复作用的护唇产品，切记晚间不要使用普通的护唇油，会引起唇炎）。

以上步骤可根据实际情况进行删减或根据年龄调整。

（二）防晒霜和隔离乳的重要性及区别

防晒霜只起到防晒的作用，不能隔离空气中的粉尘和其他彩妆品，而隔离乳可以隔离空气中的粉尘以及彩妆品对皮肤的伤害，因此，想让肌肤年轻可以每天涂抹适量的防晒霜，以防紫外线让我们的肌肤快速老化；想要更好地保护皮肤不受空气中粉尘的污染，还可以在防晒霜后涂抹隔离乳来隔离脏空气并调整肤色。

二、眉形整理技巧

上妆前，化妆师应根据客户的眉形进行杂眉清理。按照 TPO 原则，结合客户的需求，视情况修剪和刮除杂眉，为进一步化妆造型做好准备。修眉原则是尽量保证顺畅和舒适的眉形，以自然为主，根据面部结构进行合理的修剪。过度修剪或不合理的刮除都会给后期造型增加难度。如有特殊妆容的需要，应提前用胶水将眉形粘好再进行后期造型。

总之，在进行妆前护理的同时，要考虑眉形的修剪，否则在护理油等基础护肤程序结束后再修剪眉形，会将很多残渣掉到湿润的脸上，造成不必要的麻烦。

形象教练复盘思考：

1. 化妆师是美丽的传播者，我们需要怎样提高对自身的要求？

2. 化妆师礼仪不仅是一种外在的标准，我们应如何在化妆造型这件事上做到知行合一？

技能篇

第五章　化妆与眼形修饰

形象教练提问

教学目标：如何掌握快速改变眼部结构的化妆技巧？

教学现状：眼形的修饰技巧为何是化妆的重中之重？

教学方案：了解眼形的种类、眼部的结构设计、眼部的色彩范围及修饰手法后，可以打造哪些眼部妆效呢？

教学行动：如何选择和使用眼部造型工具和晕染技法？

眼部造型的首要条件是必须有一个尽可能完美的可以进行造型创作的空间，即眼部眼睑轮廓可以尽量放大，有些妆容甚至需要制造出层次来以更好地进行后期造型。如果一个人的眼睑（双眼皮）太窄，通俗地讲就是双眼皮褶窄或双眼皮结构宽窄不一、大小不均或眼形不对称等，就可以使用美目贴、假睫毛、眼影、眼线等进行修饰。

第一节　美目贴的种类、用法及应用特点

一、美目贴的种类及修剪方法

有的单眼皮仅用美目贴达不到效果，可以配合双眼皮胶水或影视网纱等

材料进一步修饰眼形。因此，美目贴的质地选择、修剪、贴合位置、隐藏效果等都能彰显化妆师的技能水平。可以说，小小的美目贴就能考验化妆师的耐性和分析眼形修饰方案的能力。

（一）美目贴的种类

1. 塑料材质的美目贴

适合大肉眼泡，优点是防水、支撑力强、定型效果好、价格便宜；缺点是反光、不易晕染和遮盖，不适合影视剧拍摄，可用于舞台表演妆造。

2. 影视无痕美目贴

如图 5-1 所示，这种美目贴轻薄、透明、黏合力强、隐形，可用于伤效等气氛妆，可以较好地着色，但其价格较贵，多用于影视剧组。

3. 网纱美目贴

如图 5-2 所示，网纱美目贴多用于影视剧，生活中也可以使用此类美目贴，供眼皮厚重、眼睛肿胀的人使用。因其需要涂胶水再黏合固定在上眼皮上，所以隐形、定型效果很好，适合专业化妆师为演员使用。

4. 纸质美目贴

如图 5-3 所示，纸质美目贴颜色为肉色，适合晕染和上色，颜色和皮肤接近，不易察觉，但用于油性眼皮时容易产生脱落。

5. 美目纱线

化妆师两手轻拉纱线后勒出双眼皮褶，适合大肉眼泡的眼睑打造，但只适合生活妆使用。

图 5-1 影视无痕美目贴

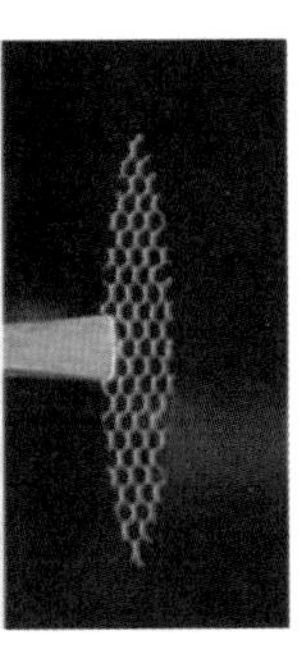
图 5-2 网纱美目贴

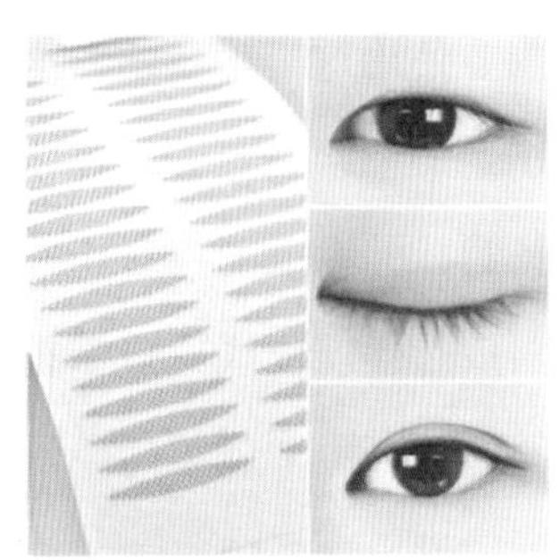
图 5-3 纸质美目贴

（二）美目贴的修剪方法

1. 明确美目贴的目的

让眼睛看上去更大且眼妆更有层次、眼形美观且流畅，使双眼皮看上去更自然。对首次使用美目贴或第一次为其上妆的客户，要进行试贴。有些人的眼睑很敏感或根本不适合用美目贴，有时美目贴的位置太靠前或修剪得太过尖锐都会刺激人的眼睛，因此，化妆师一定要设计最佳试贴方案以达到美化效果。

2. 美目贴的修剪方式

用专业带弧度的弯剪裁剪出需要的长度、宽度、弧度，并确保两条美目贴对称，使用时用镊子取下，在合理的位置粘贴。

3. 美目贴的贴合方法

将修剪好的美目贴贴合在双眼睑褶印略高一点的位置上，不要贴在完全重合的线上，那样起不到任何作用。让美目贴支撑出更加明显和宽大的双眼睑，并且睁眼后，不能露出美目贴，应做到隐形。

4. 专业与非专业美目贴的区别

市场上成型的美目贴种类繁多，宽窄和长短都较统一，而专业的化妆师很少使用这类美目贴，这是因为化妆师需要根据着妆者的眼部结构，修剪出最适合的形状。专业的化妆师，往往不吝于愿在一卷美目贴上自由发挥，充分发挥自己的专业度。对于一些特殊情况，如要赶时间或化妆人数过多，化妆师也可以选择便捷式美目贴进行造型，以达到高效、快捷的目的。

二、美目贴的应用特点

1）能贴多排或叠加使用，最佳贴合效果为睁开眼睛后，眼部结构被撑大，且看不到美目贴的边缘，即美目贴不能外露。

2）根据妆容选择相应的材质进行修饰。

3）不是每个人都能使用美目贴，对于眼睑脂肪含量过多、眼皮褶层数过多、外双型眼皮褶等情况，是不能使用美目贴的。

4）美目贴不论男妆或女妆都可使用，关键是贴合自然、舒适、隐形。

5）一些特殊眼形如果必须贴合，可拿双眼皮胶水代替，或选用影视级眼皮纱或美目网纱。

6）美目贴可在打粉底前贴合，也可选择在打粉底后上眼影前使用。

7）美目贴可以修饰下垂眼，改善年龄感。

8）化妆师应提前与着妆者沟通，了解其是否对某品牌美目贴或胶水过敏，这是专业化妆师应提前告知对方或询问对方的必要环节，不可忽视。

第二节　不同眼形的美目贴调整方法

一、美目贴的调整方法

1）单眼皮：尽量不要使用美目贴，可以使用美目纱线勒出，但效果在眨眼时略显不自然。

2）大小眼：调整单边美目贴的大小即可。

3）双眼皮褶太窄：调整美目贴的大小和位置即可。

4）眼尾下垂：使用美目贴，在重要部位进行眼尾结构提升。

5）眼形窄：这种眼形的眼皮脂肪很少，可在睫毛以上进行贴合，但要隐形且保持眼形的流畅，后期用眼线和眼影遮盖住即可。

6）单眼皮、肿眼泡：俗称浮肿羊眼，请果断放弃美目贴，改用其他办法。

二、美目贴实践

请观察自己的双眼睑思考一下，针对不同眼形如何使用美目贴进行修饰？如何既能矫正和调整眼形，又能保持美目贴隐形？美目贴的材质、大小、黏合的位置，是否都对眼睛的形态有较大的影响？需要你自己先动脑去观察、分析、尝试、练习及应用。

形象教练复盘思考：

1. 美目贴技术的实施是化妆的重要基础吗？

2. 对眼部皮褶处理是否更能锻炼化妆师对眼部结构造型的理解与驾驭能力呢？

第六章　底妆的塑造

形象教练提问

教学目标：如何通过底妆让肤色有光泽且匀称、立体、健康、清透？

教学现状：对于不同的肤色，怎样塑造合理的底妆？

教学方案：粉底的挑选与应用是专业化妆师的基本功，对吗？

教学行动：如何体验粉底带给面部塑造的力量、价值和惊喜？

第一节　粉底的基础知识

我们在上妆前要明确两个问题，为什么要打底妆？底妆带给我们什么样的效果？

当你看到一张干净、清透、自然、青春、靓丽的脸时，你是什么感觉？当你看到浓重奢华的妆容时呢？当你看到不同肤色，异域风情的妆容呢？当看到影视剧里表现病人重病在身，毫无血色时你有着怎样的视觉感受呢？这些就是底妆的魅力。它既能让一个人展现出健康、立体、完美的肤质，也能为一些特殊妆效营造状态和气氛。一个按照 TPO 原则化的底妆很关键，它是妆容开始前的画布，是精神面貌的综合体现。

一、粉底的作用及目的

1）防晒和保湿。

2）调整面部不匀称的肤色。

3）遮盖瑕疵，扬长避短。

4）打造干净、清透、健康的肤色。

5）营造立体、完美的面部或满足人体各部位的结构需求。

6）满足各秀场、演出、舞台、影视剧等角色造型的需求。

二、粉底的合成及质感

（一）粉底的合成效果

粉底是油 + 水 + 颜料经乳化而成的。水多则保湿，颜料多则面部无光泽，呈哑光感，油多则轻薄无遮盖作用。有的粉底时间一长变成红色或暗灰色，这是因为发生了氧化反应。

（二）最佳粉底质感

优质的粉底粉质细腻，上妆后让肌肤具有轻薄、通透的质感，既能遮盖瑕疵，调节肤色和肤质，又能贴合皮肤，没有厚重的涂抹痕迹或假面的感觉。

三、粉底的种类与选择

（一）粉底的种类

1. 粉底液

粉底液有专业和日化两种。日化粉底液具有遮瑕、防晒、滋养、白皙等功效，加入珠光的粉底液可以打造时尚效果。专业粉底液以亚光色居多，很少或几乎不含珠光。因为含珠光的底妆会在镜头前反光，产生膨胀的效果。专业粉底液多用于影视剧中的角色塑造，一般采用水、油、粉等均衡质地的粉底，实现细腻、有遮盖力且无妆感的效果。尤其是在电影中，人的形象会被放大，要求底妆与其本人肤色贴合，既能修饰肤色，又能显出自然的肤质。身体上也可以大面积涂抹粉底液。一盒专业粉底液包含由浅及深的若干个色号。

2. 粉底膏

粉底膏以固态居多。油多、粉多、水少，遮盖力极强，既可喷水后使用，也可配合安瓶、精油等化妆品使用，打造无瑕、立体的完美妆效。粉底膏多用于摄影、舞台和电视剧人物角色塑造，如图 6-1 所示。四色遮瑕膏用于遮盖红血丝、眼袋、斑点、痘印等，是打粉底膏前的基础步骤，为后期粉底膏的遮盖打下基础，如图 6-2 所示。

图6-1　粉底膏

图6-2　四色遮瑕膏

3. 粉底霜

粉底霜的质地介于粉底液和粉底膏之间，和面霜的质地相似，可根据需要进行选择。

4. 喷枪用粉底液

喷枪用粉底液比普通粉底液的质地更加细腻，可均匀、多次或大面积进行色彩喷洒和晕染，上妆效果佳，但价格昂贵。

（二）粉底的色彩选择及测试方法

适合亚洲人的粉底大多是偏黄色的暖色调，这是因为亚洲地区的人肤色多偏黄和红，使用的粉底、遮瑕膏等大多偏暖色调。选择底妆色号时先在脸的侧面和脖子上试色，日用粉底可以偏冷和含珠光，而影视剧专业粉底以亚光的偏暖灰色为佳，因为考虑到多光源照明，要达到最佳的造型效果。

1. 如何选择合适的粉底

（1）日常选择

对于化妆新手，不能只在手背上试用粉底色号，因为手和脸的皮肤有着很大的色彩差异，如果只将粉底涂抹在手背上，那只是给手背的皮肤选择了粉底。而且在手部试用只能感受粉底的质地及细腻程度，不能验证其是否满足面部色彩、瑕疵遮盖、打造立体效果等需求。因此，在选择粉底时应实际体验粉底在脸上的试用效果，看妆效是否自然，最好能达到既能提亮肤色，又能遮盖瑕疵，还能彰显自然健康的清透感，实现薄、透、贴的效果。

（2）专业选择

对于专业化妆师，要选择专业品牌的由浅及深的多个色号，以便今后对不同角色塑造时调配使用。专业彩妆粉底的色号是化妆品公司综合大众各类肤质色彩来配置的，粉底质地既要达到有效遮盖、贴合度自然、粉质细腻、发暖灰且亚光的效果，还要持久着色不易脱妆，甚至有时在特殊环境中还要达到防水、附着力强的专业水准。此外，随着高清摄影摄像技术的不断提高，现代摄影摄像技术越来越发达，对专业化妆师的妆效表现提出了更高的要求。

2. 不同粉底的区别

（1）生活粉底

打造健康妆效，可偏白、可荧光、可时尚。

（2）专业粉底

打造薄、透、贴的专业妆效。自然不堆积，多为亚光和偏灰调、遮盖力强。使用时要注意光源对妆效的影响，注重立体妆效的打造。

3. 底妆效果及底妆清洁的重要性

我们的皮肤是需要持久保护的，试想一下，你愿意在白纸上画画还是愿意在一张报纸上画画？决定底妆效果的，一定是一个好的皮肤基础，这样才可以进行更完美的肤色打造，如果满脸痘痘或皮肤毛孔粗大，很难实现好的底妆效果。在上底妆前，护肤保养是关键。另外，如果底妆产品使用不当或卸妆不彻底，会使皮肤色素沉积或对眼部敏感皮肤造成伤害。经常化妆的人一定要明白卸妆的重要性。这样既能达到美化的作用，还能保证皮肤健康。在上底妆之前，涂好护肤水、护肤油、隔离乳等产品进行保护。

（三）粉底的用量

一般在 T 区、眼睛下方、下颌等需要提亮的部位粉底的用量略多一些，在脸的两侧、发际线四周薄涂即可。

（四）粉底的混合用法

粉底液可以和粉底膏混合使用，安瓶可以和粉底膏混合使用。混合后在脸颊的一侧测试粉底色号是否自然，能否达到薄、透、贴的效果。

四、粉底的上妆工具

海绵和粉底刷：海绵一般为菱形或圆形，有的可以遇水变大，粉底刷的有关内容参见第三章第一节。

喷枪：喷枪上壶的涂料传输依靠的是重力，使用喷枪时注意喷嘴时刻向下，这样能避免底色倒灌，黏住喷枪的顶针，不仅不方便清洗，而且会影响喷枪的使用。

使用喷枪时，食指向下按着按钮，此时喷枪会喷出气流将涂料喷出。

喷涂的过程中要注意两点：第一是通过食指向下按的力道可以控制喷出气流的大小，第二是通过食指后拉的幅度来控制喷出涂料的量。喷枪后面有一个螺丝，用来确定顶针的位置，也就是最大的出料量。

1. 喷枪的清洗

每次上妆结束后，立刻清洗喷枪。如果喷的是水性涂料，可以用清水（推荐使用溶剂）清洗。方法是先将水倒进涂料杯，然后用柔软的棉布擦拭，先把杯壁擦干净。剩余的水或溶剂则用最大的气流和最大的出料量喷完。反复清洗 2~3 次。也可以用手堵住喷嘴（小心别碰坏钢针），打开气泵，按下按钮，就像正常喷涂一样。这时候涂料杯里面开始冒泡，部分颜色会涌上来，直到没有颜色泛上来。倒出稀料，倒入一些干净稀料，正常喷涂，如果没有颜色喷出来，擦干喷枪。注意不要把纸或者棉花的纤维遗留在涂料杯里面。

2. 喷枪的保养

如果涂料是油性的，则必须使用天那水（香蕉水）按照上面的方法清洗。有人喜欢往不用的喷枪里面倒一点天那水，我不推荐这个保养方法，因为喷枪中有密封用的橡胶零件，时间一长，橡胶零件会被天那水腐蚀，不能起到密封的作用了。

喷枪的保养可以按照说明书，把喷枪全部拆卸，逐个零件放进天那水中浸泡，然后用柔软的棉布拭擦干净，再组装起来。建议使用品质好的天那水进行喷枪维护和保养。请好好爱护自己的喷枪，也许我们不止拥有一支，但是懂得爱护自己的工具、懂得选择恰当的工具的化妆师才更专业，因为专业是从细节中体现的。

五、底妆流程

用温水洁面后，依次使用保湿面膜或灌肤补水、护肤乳或护肤液、妆前护理乳、防晒霜或隔离乳、调肤液、四色遮瑕膏（遮盖眼袋和斑点）、第一次保湿喷雾、基础底妆、提亮色、暗影色、第二次保湿喷雾、定妆粉、提亮修容和阴影修容。使用高光笔或高光液后，快速均匀涂抹底妆，保持底妆清爽服帖。眼袋、鼻唇沟、下巴等出油且偏黄区域在打粉底时向两侧延展。这样的底妆比较透，不会有假面的感觉。用手指涂抹、用海绵按压均匀等手法都会有不错的自然服帖感。

面部不同区域的粉底用量是不同的，这是为了达到立体的效果。面部容易起皮的人需要去角质、敷补水面膜、妆前保湿等。定妆、散粉和粉饼的种类包括亚光散粉、珠光散粉、瞬间提亮粉饼（散粉或粉饼定妆后，在 T 区轻扫，还可改变暗沉肤质）。

第二节　底妆与皮肤

一、皮肤的形态

皮肤从年轻到年长有着非常明显的变化，当面部胶原蛋白充盈时，皮肤会有自然的光泽与弹性，我们需要通过饮食、防晒、防尘、清洁、保养等各种方式来不断呵护皮肤。随着年龄的增长，保养程度也要提升，要在不同的年龄段给予肌肤最合适的营养保护，而不是一开始就选最有营养的护肤品，这样反而会给肌肤造成不必要的负担。要用补水、精油、营养液等产品循序渐进地给予皮肤适当的营养补充。每日防晒可以延缓皮肤衰老，从防晒霜的成分上看，你会发现它和其他化妆品有很大的不同。防晒霜更讲求对皮肤的防护效果，以进行更好的保护。随着年龄或环境的改变，要应对各种皮肤问题需要下一番功夫，否则衰老的速度是肉眼可见的。如何更科学、持久地保持皮肤状态，是每个爱美人士都应该做的功课。

（一）身上的皮肤与脸上的皮肤

人体各部位的皮肤不同，使用的护肤品也不同。皮肤分为表皮层和真皮层，表皮层就是皮肤表面，又分成角质层和生发层两部分。已经角质化的细胞组成角质层，脱落后就成为皮屑。生发层细胞不断分裂，能补充脱落的角质层。生发层有黑色素细胞，产生的黑色素可以防止紫外线损伤内部组织。真皮层是致密结缔组织，有许多弹力纤维和胶原纤维，故有弹性和韧性。真皮层比表皮层厚，有大量的血管和神经。真皮层下面是皮下组织，属疏松结缔组织，有大量脂肪细胞。皮肤还有毛发、汗腺、皮脂腺、指（趾）甲等许多附属物。皮肤透视图如图 6-3 所示。

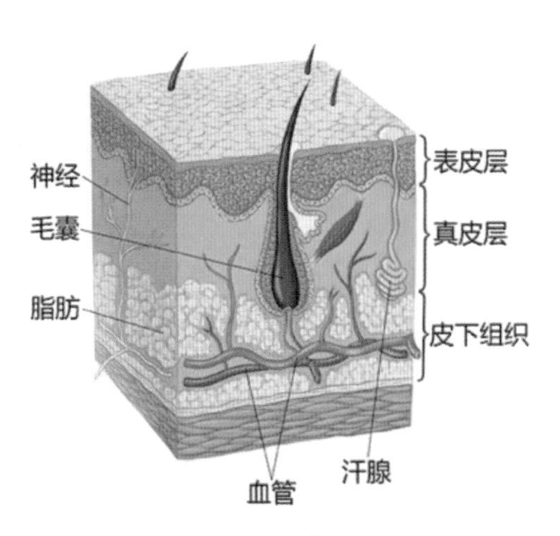

图6-3　皮肤透视图

胳膊和大腿外侧和内侧的皮肤不同。皮肤覆盖全身，是人体最大的器官，约占体重的16%。成人皮肤面积为1.2~2m^2。全身各处皮肤的厚度不同，背部、头顶、手掌和足底等处最厚，腋窝和面部最薄，平均厚度为0.5~4mm。尽管各处皮肤厚度不同，但都有表皮层与真皮层，并借皮下组织与深层组织连接。面部皮肤最薄，经常暴露在日光中，因此，补水、防晒等护肤品必须跟上，否则面部皮肤很容易受损，难以修复。我们用手背的皮肤和面部的皮肤来举例，手背的皮肤上可以涂抹大量的护手霜，你可以用手试着提拉手背的皮肤，它和脂肪是分开的。而用手提拉面部的皮肤则完全不同，面部的皮肤是连接着脂肪的，因此，手背涂抹再多的油脂类护手霜都不会起痘起包，而将护手霜涂抹在脸上就会加重毛孔的负担，容易起痘起包，这是因为面部皮肤的毛孔被堵塞。

（二）肤色

人种不同、地域不同、环境不同，人们的肤色也不同。肤色主要由黑色素决定，无论是什么肤色，我们对肤色的喜好是一样的，那就是健康而均匀的肤色。以亚洲的黄种人为例，黄种人的皮肤从颜色深浅来看，分为浅肤色、中肤色、深肤色。从色调看，可分为偏白色、偏红色、偏黄色、偏黑色四类。

化妆师在上妆前需要观察着妆者脸颊、额部、颈部等裸露肌肤的色调，以对妆色做出准确选择。

（三）肤质

肤质随着肤色、年龄、环境等的不断变化而改变，且有一定的规律可循。根据皮肤的不同状态大致可以分为以下5种肤质。

1. 干性皮肤

多数干性皮肤较白皙，面部会有一些小细纹，如不进行大量的补水，包括饮用适量的水，皮肤很容易松弛和失去弹性。干性皮肤很难维持水嫩的状态，需要大量补水护理及使用防晒霜。在化妆过程中经常出现卡粉、浮粉的现象，因此妆前需要使用大量的化妆水、妆前乳。

2. 中性皮肤

一种水油平衡的肤质，很多亚洲人属于这类肤质，特点是面部肤色不均匀，需要尽量呈现底妆修饰后的均匀而健康的肤色。

3. 油性皮肤

这种肤质最能保持年轻的皮肤状态，虽然皮肤的自我滋养能力很强，但容易出现痘痘，因此需要使用加入控油成分的洁面奶，在卸妆时也要注意清洁才能保持皮肤的清爽透气。油性肤质选择防晒霜的 SPF 指数不宜过高，以免堵塞毛孔。

4. 混合性皮肤

油性与干性两种肤质混合存在，女性此类肤质者偏多。化妆时应选择油分适中的粉底液或粉底霜，注意随时补粉及吸油。卸妆时选择中性皮肤适用的卸妆乳、泡沫型洗面奶等，日常护肤应以补水保湿为主。

5. 敏感性皮肤

对季节敏感、对饮食敏感、对环境敏感、对护肤品敏感等，易产生湿疹、红血丝、红斑、红肿、痛痒等反应的敏感性皮肤，在皮肤护理上不宜使用果酸类产品，应选择没有添加防腐剂的天然类护肤品。避免刺激皮肤，深层清洁次数要尽可能少，选用无刺激性的化妆品最佳。在化妆前，请尽量试妆，或使用适合自己的护肤品及彩妆品。如果不能用自己的护肤品和彩妆品，就要提前试妆，将过敏的风险降到最低，也可在试妆的时候及时替换掉容易使肌肤敏感的化妆品。

二、底妆对皮肤的修饰

皮肤的颜色因人种、年龄和健康状况不同而有所差异。皮肤上很密的各种走向的凹陷沟纹，称为皮沟。皮沟间大小不等的菱形或多角形的隆起为皮嵴，它们在指腹构成指纹。

对于不同肤质、不同肤色要用不同的底妆进行修饰，化妆师想要凸显人物健康且有光泽的皮肤状态，毛孔细致霜、隔离霜、粉底液、遮瑕霜、粉底霜等是必备的。好的产品是含大量的矿物质粉且营养成分充足的化学产品，有些化妆师同时也是化妆品研究者，能够更好地选择和应用适合的产品，为不同的人提供最恰当的造型服务。

人最美好的年龄是 20 岁，此后就会逐渐感受到岁月的痕迹。如果懂得清洁、保养肌肤，就会让肌肤的年轻状态更加持久。因此想要保持肌肤的年轻状态，就要在日常的清洁、补水、防晒、饮食上下功夫，在各种调肤液、毛孔细致霜、隐形底妆色中选择，为打造优质的肌肤状态打下坚实的基础。

底妆直接影响人脸在不同光源下呈现出的肤质色调，专业的妆容要始终根据灯光、室内、室外、上镜、舞台、影视等条件的变化而变化。例如，新闻主持人在上镜前面部底妆不能太白，否则在镜头前仿佛戴着面具，会令观众有不真实感。

第三节　底妆与脸型

一、脸型的分类

不同的脸型体现了不同的特点及个性，对一个人的脸型进行分析，有助于通过妆造优化其面部结构，展现其优势，更好地凸显人物的气质。通过对脸型的分析，可以更好地进行服饰、发型、色彩的搭配，更好地展现人物造型的整体协调性。

二、底妆对脸型的修饰

营造面部的立体感是底妆的目标，T 区、下眼睑、嘴角、下颌都需要进行提亮。而在鼻侧、太阳穴、颧骨下线、下颌骨下线处需要进行阴影处理。底妆的目的是让该亮的部位亮起来，该暗的部位暗下去，在面部营造出光影丝滑的感受，让面部看上去更立体有型，如图 6-4、图 6-5 所示。

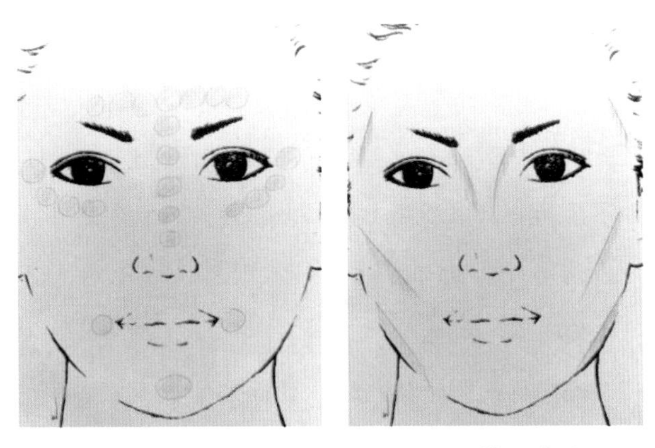

图6-4　基础提亮区　　　　图6-5　基础暗影区

形象教练复盘思考：

1. 为什么说底妆是化妆师的“撒手锏”？

2. 探索底妆与视觉及光影之间的关系。

第七章　化妆与局部的塑造

形象教练提问

教学目标：整体的美离不开局部的精准塑造，对吗？

教学现状：如何实现对面部五官的精准刻画，以及塑造面部五官的完美比例关系？

教学方案：通过怎样的化妆技巧可以使面部轮廓及五官和谐统一？

教学行动：采用怎样的方式和态度进行局部造型的刻画？

第一节　浅析眉妆的历史

不管是东方还是西方，历朝历代人物的妆容都少不了对眉形的塑造，眉形可能代表一个时代或一段时期人们对美的理解。汉代初期，宫人们喜欢八字眉，东汉的“愁眉啼妆”，表现了美人心生清愁、轻皱蛾眉的画面。这种眉态与我们如今的审美反差非常大，一个人眉形的高低、粗细直接体现这个人甚至是这个时代的精神状态，古人喜欢“慵懒妆”彰显慵懒娇柔之美，而到了现代，这种八字眉虽让人们感到亲切、和蔼，但不免有些懦弱和窘态。

一个时代对眉形的解读，正是那个时代人们对美的追求。魏晋时期，魏武帝令宫人画青黛眉、连头眉，一画连心甚长，人谓之仙娥妆。到了隋炀帝时期，从外邦流入的画眉颜料“螺子黛”可谓供不应求，可以说画眉技术不断进步的同时，画眉颜料也不断推陈出新。到了唐代，大唐盛世经济的发达与进步，给了古人更多的创新空间。唐代仕女的眉形更是五花八门，千奇百怪，种类和样式也不断创新。因当时人们以胖为美，因此眉形从比例上都比前几代宽阔些，但当时的女子更喜欢“柳眉”，这种眉毛比较接近自然的眉形，粗细变化流畅自然，如两片柳叶悬于额下。可以说盛唐时期设计出了很多值得后人研究和借鉴的眉形，很多历史舞台剧及影视剧的人物塑造都借鉴当时的眉形，以更好地诠释人物的面部特点及妆效。

化妆师在画眉前要根据人物的时代背景、角色表现定位、年龄甚至发色与眉色等进行设计，做到对人物的准确表现。眉毛是面部的重要部分，是代表年龄、时代、时尚度的关键部位。

第二节　眉形整理技巧

上妆前要遵循如下原则进行眉形的处理。第一，妆前修眉是化妆师对着妆者面部结构有进一步了解的重要环节，既能马上观察模特的面部特征，还能对其眉毛结构进行分析，观察眉形、眉色等；第二，对眉毛进行修剪和着色是为了统一妆面需求，主要对眉毛长短、粗细、颜色等进行处理；第三，一定要先修眉形再打底妆，如果先打底妆再修眉形，会造成不必要的麻烦。

一、眉形讲解

（一）眉毛的重要性

很多夸赞容貌的词比如眉清目秀、浓眉大眼、眉目生盼等，为什么眉毛会和眼睛一起被提及呢？这是因为眉毛在发际线和眼睛之间起到了调节平衡的作用，产生面部平衡美学的效果。

（二）眉毛的结构特点

眉毛由眉头、眉腰、眉峰、眉尾组成，其高低、粗细、浓淡、疏密等造就了不同的特点。我们应该根据面部结构的基本特点及妆效需求，打造适合的眉形。

二、工具和材料

1）眉刷：一般是倾斜的小刷子，用于修整眉形。

2）眉毛整理工具：小毛刷、双面小梳子。

3）眉粉：多为大地色。

4）眉笔：四色专业眉笔、砍刀眉笔、小圆头眉笔等。

5）染眉膏：以浅棕、深棕、浅灰居多。

6）眉形文绣用专业着色颜料。

7）透明眉毛定型液：一般为透明黏性定型液。

三、眉形的标准比例

（一）眉毛的标准长度比例

1）眉头：鼻翼到内眼角垂直向上为眉头的标准位置。

2）眉峰：在人的瞳孔外边缘的正上方，或将人的眼睛分为三段，从内眼睑向外 2/3 处，是眉峰的标准位置。

3）眉尾：在鼻翼到外眼角的延长线上即可。

（二）眉毛的粗细比例

眉毛的粗细可以调整面部空间的比例，脸盘较大的人适合较粗的眉形，脸盘较小的人适合较细的眉形。化妆师应在了解着妆者面部结构之后调整其眉毛粗细。

（三）眉毛色彩的把握

眉毛的颜色最好与发色一致或呼应，切忌深色眉毛里面有一层红色或棕色的底色，这样仅为了着色而着色，是一种没有美感的夹层式拼凑。眉头色彩要保证自然而又有过渡，眉峰和眉尾的颜色要清晰，整体眉形的颜色下实上虚，色调融为一体，可以说眉毛的色彩处理决定了上庭和中庭的立体结构。

四、修眉技巧

妆前修眉工作非常重要，对眉形进行必要的修剪，可以为妆容打下坚实的基础。

五、基础眉形的种类及适合的脸型

6 种常见的眉形如图 7-1 所示。

图7-1　6种常见的眉形

（一）标准眉

适合各种脸型，眉形特点是长短及粗细适中，高低平缓整齐。标准眉是所有眉形的基础，干净、整齐，是最显年轻的一种眉形。

（二）弓形眉

弓形眉又称挑眉，眉峰高挑，整体如一张秀美的弓，眉峰位置比标准眉的眉峰略往前一些，眉形特点是较细和柔美。这种眉形适合上庭较宽的面部，可用于装饰类妆面，彰显个性。

（三）一字眉

眉形较粗，可以调整长脸型，也是一种较能体现中性之美的眉形。

（四）剑形眉

表现一种英姿飒爽的气质，多在走秀模特和影视剧人物造型中出现，形状倾斜度较大，眉尾略微上扬。

（五）棱角形眉

这种眉形比较中性，细的棱角形眉适合女性，较粗且较平的棱角形眉适合男性。

（六）倒挂眉

眉尾低于眉头，让人感到慵懒、有亲和力。细弯的倒挂眉多用于古代美人的妆面；粗一些的多用于不太积极、没有心机、可爱的造型。

眉形可以灵活转化，例如一字眉可拉长变平形成平眉；弓形眉平缓一些可形成柳叶眉。

六、眉形化妆技巧

（一）眉粉和眉笔的配合

在专业化妆中，眉毛整体色调的铺垫很关键，一般眉毛的色彩根据着妆者眉毛的色调及浓密程度进行初步定位，用专用的斜线眉刷着色画出眉形，再用眉笔一条条勾画出眉毛自然生长出的形态或角色创意需要的眉形。

（二）染眉膏和眉粉及眉笔的配合

染眉膏有很多种，一般分为浅棕、中棕、深棕、黑色等。染眉膏是对眉粉的补充，可以起到改变毛发色彩的作用。如果眉色过深或想达到和染发色彩相统一的效果，就可以用染眉膏来进行修饰。使用染眉膏时一定要少量多次，否则会结块和打绺儿。

七、课后思考与练习

1）请从网上搜集各种眉形的图片，分组讨论其特点和眉毛的重要性，讨论眉毛的不同形态（原生眉形、年轻眉形、年老眉形、年代感眉形）。

2）学生对照镜子化出适合自己的眉形。

3）练习基础眉形。

4）思考男士眉形应该怎样处理。

第三节　眼线的种类及化妆手法

一、眼线的基础知识

（一）眼线的作用

经过眼线修饰的眼睛看上去更加清透明亮；通过眼线可以增加睫毛的视

觉数量；眼线可以增加眼部在面部的聚焦度，凸显眼部的层次感。

（二）眼线修饰的目的

眼睛长度和高度的黄金比例是 1∶0.618。眼线能改变眼睛形状，弥补眼部缺陷，还可以起到强调眼神的作用，使眼睛看起来深邃、明亮、生动迷人。

（三）眼线产品及工具

各色眼线笔、眼线液笔、眼线膏、水溶性眼线饼。

（四）眼线技巧

不同眼形的眼线采用不同的矫形办法和晕染方法。

一般上眼线是前细后粗、前窄后宽的，眼线尾部对最后一根睫毛进行美化处理。下眼线从外眼角宽到内眼角逐渐变细，并晕染眼尾的宽度。有时下眼线可以不画。先画上眼线，从眼尾开始刻画眼形。眼线的美化目标要和睫毛达成连接效果，眼尾的眼线相当于睫毛的处理效果，可长可短、可粗可细，可拉长眼睛，也可改变眼睛的大小，眼尾眼线的造型可随目标眼形和妆容而定。一般上眼线的中部和内眼角的眼线都紧紧贴合睫毛根部渲染，所以从上眼线中部到眼尾的眼线塑造对眼形的改变和层次处理尤为重要。也就是说，整条眼线前细后粗，眼尾被拉长，达到晕染等效果。眼线要因人而异，有些人的上眼睑松弛，我们可以和美目贴、化妆胶水、眼影及眼线配合来达到美化和矫形的效果。

眼线相关产品的颜色丰富，应视眼球颜色和肤色来选择，其中咖啡色和灰色眼线较为自然。黑色眼线多用于强调色彩，彩色眼线色多用在黑色眼线的基础之上，营造带有层次的装饰效果。眼线色要和眼影、服装等相互协调，达到最佳效果。

二、眼线化妆品及使用效果

（一）眼线笔

眼线笔的优点是颜色自然，可深入睫毛之间涂抹和晕染，增加睫毛浓密度，也是男妆双眼皮睫毛根部晕染的必备工具；缺点是对眼部油性较大的人来说极易晕妆和脱妆。在眼部基础底色晕染后，加一层不易脱妆的眼线液，可以达到不易晕妆的效果。

（二）眼线液笔

眼线液笔分为海绵硬头和软毛刷头两种，可以流畅地塑造出干净的眼部线条，优点为易操作、易着色，缺点是不易修改、不易晕染，需要和眼影色结合。使用眼线液笔时，尽量一次成型，切忌反复涂抹造成线条不流畅。

（三）眼线膏

眼线膏需要配合眼线刷使用，其特点是可线可面的涂抹和晕染，是很多专业化妆师眼部造型的必备材料。眼线膏不易反光，可与眼影叠加使用，因其极易晕染眼部造型，深受化妆师的喜爱，一般常用黑色或咖色眼线膏。

（四）水溶性眼线饼

水溶性眼线饼的外观为墨块状，使用起来也有墨块的感觉，需要配合很细的化妆刷沾水完成。水溶性眼线饼着色自然，晕染出的颜色也是灰黑色，不像眼线液那样生硬，因此是新闻主持人或影视剧人物常用的化妆材料。

第四节　眼影的种类及化妆方法

一、眼影的作用及目的

眼影能打造深邃、个性、有层次、立体、迷人、明亮的眼眸，强调眼部结构并起到改善和修饰眼形、丰富面部色彩的作用。眼影的使用范围及色彩、深浅等的选择需要考虑时间、场合、地点、人物需求、服装与发型色彩等。一般人们日常妆画眼影时，会省略或简化下眼影，其实下眼影可以让眼部轮廓更清晰，也会让下睫毛看起来更加浓密。有些人不宜涂下眼影，只略涂睫毛膏即可。一般脸型偏方和脸型较短的人不要涂下眼影或下眼线，圆脸和有年龄感、眼角下垂的女性也不要涂下眼影，否则会显得不精神。

二、眼影化妆品及使用效果

（一）眼影的种类

包括亚光眼影、珠光眼影、魔钻眼影、水溶珠光眼影、慕斯眼影膏、水溶性眼影等。

（二）效果

亚光眼影追求高色彩饱和度，打造低调、沉稳的妆效，不会反光，可以用作打基础底色后叠加珠光色彩，打造层次分明的妆效，适合摄影拍摄、新闻主播、影视剧角色等人物的塑造。珠光、魔钻等含有闪粉的眼影能够使眼妆闪动、靓丽、夸张、绚丽缤纷起来，彩妆效果极佳。

三、基础眼影技法实操

（一）标准眉配水平晕染眼影

水平晕染眼影是一种实用的眼影画法。从上眼睑到上睫毛根部像一束光一样由浅及深，越接近睫毛根部颜色越深。此画法多用于眉与眼之间距离较宽的人，可涂抹面积较大，晕染范围较广，如图 7-2 所示。

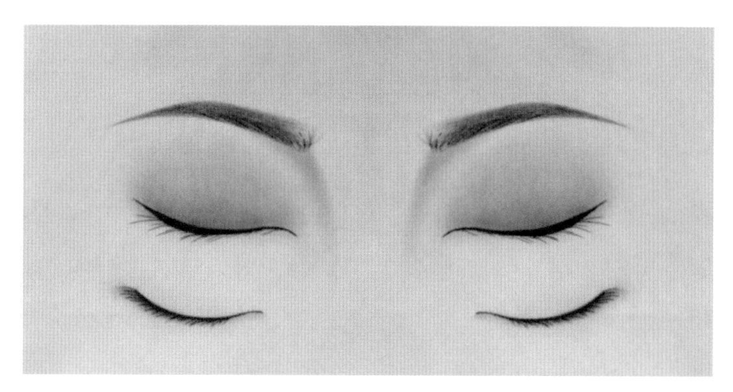

图7-2　水平晕染眼影

（二）剑形眉配斜线眼影

斜线眼影是调整下垂眼、表现心机角色的最佳眼影画法，起到抬高上眼睑的后眼尾处的效果，从而改变下垂眼的结构或凸显人物个性。如图 7-3 所示，其涂抹范围多在后眼尾处斜向上方。

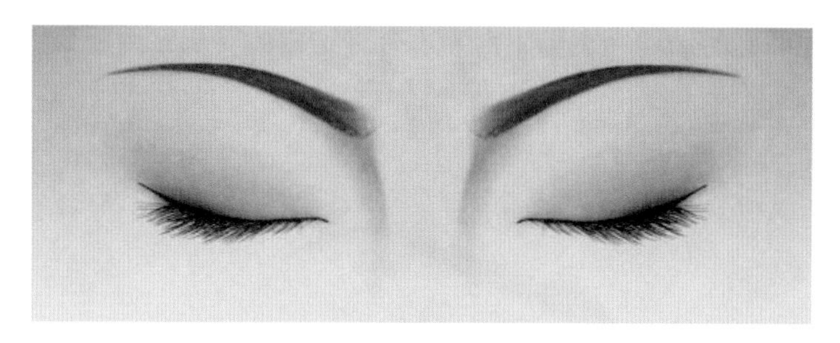

图7-3　斜线眼影

（三）一字眉配眼尾加重眼影

眼尾加重的眼影多用于两只眼睛距离较窄的结构调整，以眼尾加重方式在外眼角用深色强调，在内眼角用华丽的浅色晕染至瞳孔部位，如图 7-4 所示。

图7-4　眼尾加重眼影

四、基础变形眼影技法

（一）基础变形眼影

1. 欧式弧线眼影——关闭式

强调外眼窝的结构，突出眼窝和眉弓骨结构的对比，内眼角以华丽色彩勾染，如图 7-5 所示。

图7-5　欧式弧形眼影——关闭式

2. 欧式弧线眼影——开启式

强调外眼窝的结构向外眼尾延展，利用加重睫毛的方式凸显眼部的华丽及妩媚感，多用于舞台与时尚摄影，如图 7-6 所示。

图7-6　欧式弧形眼影——开启式

3. 欧式眼影技法——“大假双”

用略重的颜色在上眼睑画出一条假双眼皮线，只向上由深到浅进行晕染，线条以下的眼睑用提亮色进行对比，起到装饰双眼皮的效果，如图 7-7 所示。

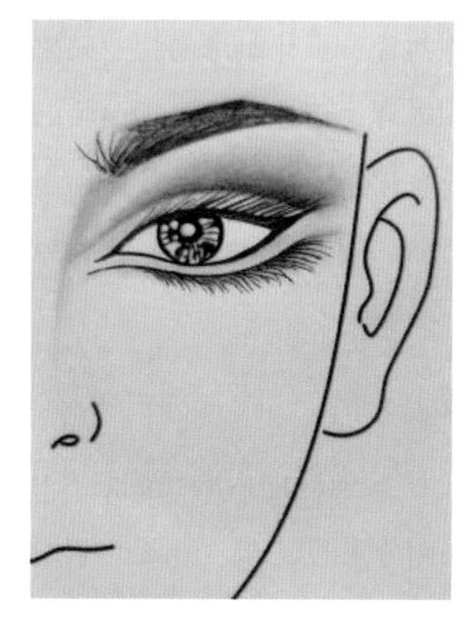

图7-7　欧式眼影技法——“大假双”

4. 欧式眼影技法——“小假双”（倒钩式）

用单一眼线膏或单一色彩进行有弧度的线条勾勒，可修饰单眼皮或眼睛小的眼妆，打造双眼睑褶的效果，如图 7-8 所示。

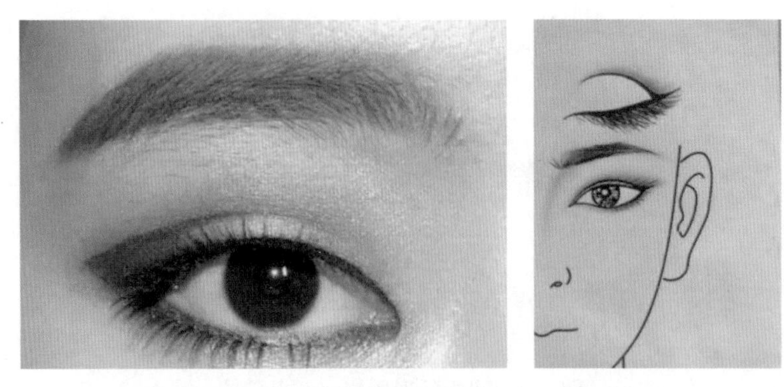

图7-8 欧式眼影技法——“小假双”（倒钩式）

（二）创意眼影变形技法补充

1. 烟熏妆（大烟熏、小烟熏）

烟熏妆是对眼部进行夸张渲染，通过大面积的深色眼影和浓重的眼线及睫毛，形成与眼白的强烈对比，强化眼部的视觉效果，有的是精细雕琢眼部，酷感十足；有的是小面积雕琢，彰显个性。烟熏妆的表达效果和涂抹的范围、色彩饱和度、强调色的晕染有直接的关系。烟熏妆眼影多采用黑色及大地色系配以珠光或亮片等烘托气氛，符合 TPO 原则。烟熏妆经常和鼻侧影、眉色等进行呼应。

2. 段式（两段、三段）

段式眼影从眼睛的上眼睑前段即内眼角到瞳孔中心部分为浅色，再从瞳孔中部到眼尾选择深色强调分为两段式。三段式即内眼角范围、瞳孔范围、眼尾范围各置一色，由浅到深。段式眼影一般是为了达到对比、彰显个性的目的，多用于时尚摄影及 T 台走秀。

3. 移动式（前移式、后移式）

前移式眼影多在内眼角和鼻侧影的范围晕染，而后移式眼影则强调人眼尾外轮廓向外延展，起到扩大眼部结构的效果。

五、创意眼影的设计及实施

（一）创意眼影模板的制作

在掌握了基础眼影画法之后，我们对眼影的作用已经了解，需要进一步关注眼影给整体妆效带来的微妙变化和产生的美感。有基础才能走向创新，创意眼影由基础眼影孕育而生，以不变应万变，根据时代的需要增加新鲜的灵感和元素，满足更多更广的造型需求。网络中也有很多成品模板的图案可以选择，但都是批量生产的成品，不能满足更丰富的造型需求。化妆师如果具有绘画、设计、雕琢等技巧，就可以让自己的创新造型实现差异化与个性化的展现。快来体验一下创新的乐趣吧。

仅用略厚的纸张、纸板等进行绘画和雕琢，便能在百变的造型世界里制作出独特的妆容。制作之前应准备好纸、铅笔、剪刀、小刻刀或小刀片、亚光眼影粉及海绵块，可根据妆容需求自行设计，也可参考书籍或网络最新图案进行组合和创新。在纸上进行绘画，需要从最简单的制作中去理解创新原理。我们进行模板制作，目的是掌握眼影的使用技巧，可综合运用形式、材料、方法、喷染技巧、装饰材料等进行创新，例如内雕图案和外雕图案的模板制作应分别掌握造型中点、线、面的组合区别和效果。

1. 基础原理

如图 7-9 所示，将白纸从中间对折，画出一半的蝴蝶图案，剪下图案后，被剪下部分和原外框都可作为眼影模板使用，一个是内雕图案，另一个是外部拓展。

图7-9　模板的制作

2. 点的运用

利用复杂的图案进行刻画，为装饰效果做准备，可以显示出块面感、线条感，可以创造点线面的组合图案，如图 7-10 所示。前提是要符合面部花纹的大小、粗细、结构处理等要求，这些都需要化妆师认真考虑。

图7-10　点的运用

3. 线的运用

线条的模板制作最能体现化妆师的实战水准，因为在曲折婉转之余，还要显示线条柔美的力量感和组合的巧妙，如图 7-11 所示。其实在单纯的点、线、面造型过程中，线条是最难表现的技巧，线条的顺滑度、粗细的掌握度、结构的梳理等，要么像流水般美好，要么如“灾难”般难以修复，这是线条极难更改和无法重复描绘的特点。

图7-11　线的运用

4. 面的运用

在化妆造型过程中，如果想进行大面积造型遮盖，可以在纸张上剪下需要的部分，但大面积的面部造型尽量选择有过渡的渐变晕染，否则妆容就如面具一样不真实了，如图 7-12 所示。在设计时应考虑造型部分在面部的占比、色彩的层次变化等。

图7-12　面的运用

5. 点、线、面在妆造中的综合运用

在点、线、面的综合造型设计作品中，好的设计是灵活和巧妙的，既不会单调，也不会死板，充分彰显图案结构之美。想要让作品鲜活，就要明确综合运用的本质与规律。

（二）创意眼影结构分析

创意眼影的作用是凸显眼妆的赏心悦目和结构运用的巧妙，使之成为妆容的焦点。创意眼影的装饰效果一定要体现美，眼部的造型要以平行四边形的结构为基础，不能肆意点缀。学习优秀的创意眼影作品是怎样将点、线、面进行综合运用的，具有整体的协调感才是高级的设计，不能只顾局部不顾整体，给人以哗众取宠之感。化妆师在上妆前设计好结构表现图，思考究竟要达到什么目的，怎样表达最好，重点是什么，采用何种晕染方式，是否能达到预期效果等。

（三）创意眼影的化妆品及化妆材料

创意眼影的化妆品及化妆材料比较丰富，有彩绘膏、彩绘油彩、喷枪和颜料、调色盘、彩绘笔、油彩笔、各色亮片、珠光闪粉、仿真钻石、贝壳粉、羽毛、胶水等，请根据实际情况进行选择。创意眼影示意图如图 7-13 所示。

图7-13　创意眼影示意图

第五节 假睫毛的种类及应用方法

请闭上眼睛想象这样一幅画面，一位少女斜倚在洒满阳光的窗前小憩，少女的睫毛上金子般的光彩令人着迷。人们在闭上眼睛后，长长的睫毛勾勒出美丽的线条，是那样自然、得体、流畅，闭上眼睛眼部轮廓那样迷人。睫毛正如眉毛一样在面部五官的平衡之美中发挥着独特的作用。

在生活中，有些人天生就拥有浓密且卷翘的睫毛，甚至有人睫毛的层数比一般人多，睫毛为深邃的眼眸添了一份神韵和魅力。

市面上有很多假睫毛、接睫毛、种睫毛、睫毛生长液等产品或技术。但最让人们喜爱的是一支方便、快捷、有效的睫毛膏和睫毛夹的组合。在影视造型、舞台表演等场景中，专业化妆师将睫毛进行强调和夸张，让睫毛看上去更加空灵、夸张、妩媚，因此，对睫毛进行创作也是化妆师必备的基本功。

一、假睫毛的种类

（一）普通假睫毛的应用

人们在追求眼部美丽妆容的同时，发现睫毛数量、睫毛色彩、卷翘程度经过修饰后可以让自己更有魅力，因此在生活和影视、舞台等环境中，不同种类、不同款式、不同颜色、不同长度、不同功效、不同装饰材料的假睫毛、睫毛膏、睫毛夹应运而生。假睫毛主要有以下两种。

第一种，上下睫毛长短明显不同，且一簇一簇分开。可根据眼形、睫毛的浓密程度进行整体粘贴、叠加粘贴或一根一根粘贴，以达到自然逼真的效果。

第二种，可以整条粘贴。假睫毛的长度最好和本人的睫毛接近，不要选择特别夸张的睫毛，否则会产生适得其反的效果，比如睁不开眼睛、遮挡眼神等。

（二）特殊假睫毛

用于舞台或影视造型，表现唯美的装饰效果，大多选择浓密且颜色夸张的。

（三）创意假睫毛

当睫毛的效果不能满足创意效果时，可以制作创意假睫毛。一般由化妆师精心设计后用纸张等材料制作而成，因其普遍超过了正常睫毛的长度和宽度，有一定的分量感，且用装饰物的叠加等方式进行渲染，所以造型多样，更考验化妆师的造型能力及美工基础。

二、睫毛造型技巧与美睫技术的应用

（一）生活睫毛造型

生活造型中很多睫毛造型都可以通过睫毛膏、睫毛夹、睫毛胶、假睫毛等工具来实现。有人选择种植睫毛，有一定的保持作用，但大多不像睫毛膏那么自然，而且会不断脱落，需要后期养护和重新种植。

（二）创意睫毛造型

创意睫毛造型千变万化，但一定要按照睫毛的整体结构进行设计，从结构中出发，搭建整体的框架至关重要，睫毛需要遵循设计原则、符合设计手法等，比如睫毛的粗细、长短、睫毛走向、卷翘程度等都需要化妆师提前设想好。睫毛结构符合眼部的造型原则是非常重要的。创意睫毛造型大致可以分为层次叠加、材质混搭、装饰材料混搭等。

1. 层次叠加

如图 7-14 所示，层次叠加的假睫毛可以体现眼妆的整体结构，将若干假睫毛进行叠加和黏合，营造浓密、夸张之感。有时假睫毛能叠加两层半甚至更多，但一定要根据原则来设计与实施。浓重的睫毛须遵循3个基本原则：第一，一定是给大眼睛的人进行的修饰，否则过于沉重和夸张的睫毛造型会遮挡视线和影响眼部轮廓；第二，睫毛造型是围绕眼睛的魅力、眼神的聚焦而产生的有效行动，如果睫毛没有给眼部带来美感提升，会适得其反产生负担；第三，所有的色彩和装饰物符合整体妆效所需，达到与妆效、服装整体效果的协调。

图7-14　真假难辨的睫毛

2. 材质混搭

制作睫毛的材质有纤维、纸张、塑料、羽毛、钻饰等，在上面进行睫毛结构的绘画、雕琢或剪裁，不同的材质，可以打造不同的妆效，需要化妆师对睫毛材质具有掌控和应用能力。无论用什么材质去表现，最终目的都是实现美丽的睫毛造型。

3. 装饰材料混搭

在将睫毛外形制作完成后，进行色彩喷染、装饰材料混搭的工序，即在外形上粘贴闪粉、彩珠、贝壳粉、魔钻等辅助材料进行装饰，这体现了化妆师的美学功底。

第六节　鼻形、唇形的修饰方法

鼻子在五官中最为中正的位置，其高低、长短、大小、位置等决定了一个人面部结构的协调性，因此对鼻子的矫正和功能保障至关重要。在妆容的修饰中，化妆造型对鼻子的造型较少，但在追求鼻梁挺拔、调整鼻头和鼻翼比例时，人们一般使用鼻侧影增强鼻子的立体效果，调整面部立体度。在生活中为了美观，可采用底色等光影修饰、医美手法来提升鼻形的美观度。而在特效化妆中，对鼻形的创新最多。因结构的独特性，在影视剧人物造型创作中，鼻子的部分须采用很多特殊的材料，例如：撑大鼻孔的皮圈、扩大鼻梁、鼻翼的肤蜡等。鼻子有着最难修饰、处于焦点的特点。

一、鼻形的修饰方法

如图 7-15 所示，下面介绍基础鼻形修饰方法。

1）大鼻子：鼻梁提亮；鼻侧、鼻翼暗影。

2）塌鼻子：鼻侧暗影；鼻梁、鼻翼提亮。

3）蒜头鼻：鼻头提亮；鼻翼暗影。

4）鹰钩鼻：鼻梁骨突出的部位打暗影。

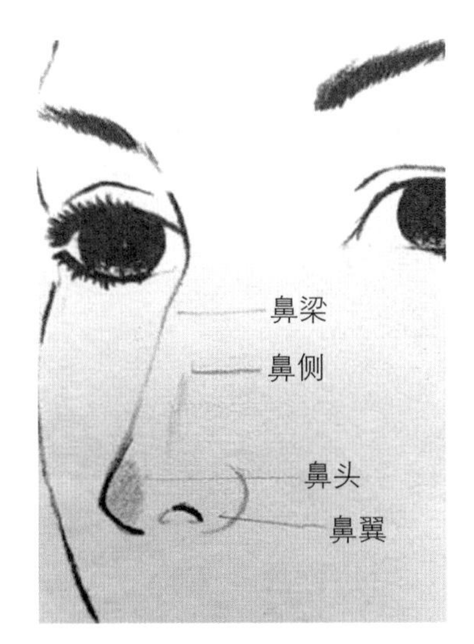

图7-15　基本鼻形修饰图

二、唇形标准比例

1）唇的位置：第三庭的中间，下唇底线在从鼻底到下颚底线的二等分平分线处，如图 7-16 所示。

图7-16　基础唇形

2）唇的宽度：唇角的正确位置在瞳孔内侧的下垂延长线稍内侧。上下唇的比例为 1∶1.5，如图 7-17 所示。

3）唇峰的高度和距离：唇峰占唇形到唇角的 1/3 处为标准唇峰位置。唇峰高度饱满，可偏尖显个性，可圆显性感。两个唇峰有形且离得近表明其年轻，离得较远且唇形模糊显示年龄偏大。

4）嘴唇向外扩充的范围一般在 0.5mm 以内，否则会显得不自然。

5）如图 7-17 所示，嘴唇可分 6 个区，加重第 2 区也就是唇裂中央会显得唇薄，反之会显得唇厚。如果是化酷唇妆就加重 1 和 3 区。

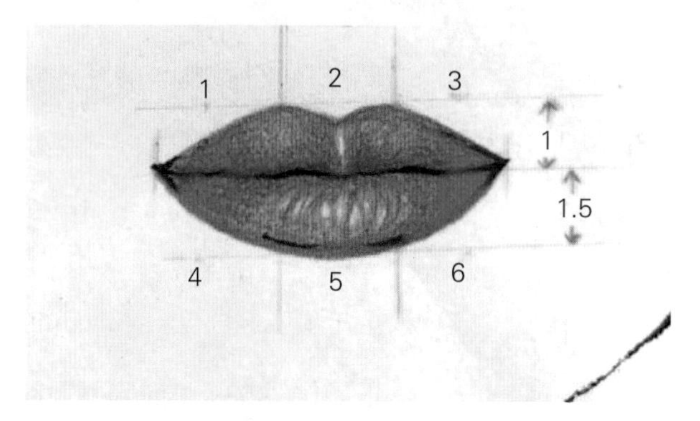

图 7-17　唇的分区

三、唇形的修饰技巧

（一）唇膏的作用

唇的色彩对一个人的五官结构起着决定性的作用，因为人的第三庭主要集中在唇部这个点，即成为焦点，因此唇也是最迷人的所在，可轻描淡抹，显现年轻不可方物；可光彩夺目，让人气质瞬间飙升且信心十足。选择合适的唇膏色彩，可以打造精致的唇部妆容，成为取悦自己和他人欣赏的焦点。

（二）唇膏的种类

1. 亚光唇膏

适合低调、素雅，唇形性感且标准，唇形偏大的人，可用于舞台妆。不适合嘴唇偏薄的唇形。

2. 半亚光唇膏

适合拍摄广告和表现唇形的时候使用，自然却不造作，又可以很好地衬托出唇形，是大多数女性的最爱。不适合年龄偏大的女性和气色看起来略差的女性。

3. 光泽唇膏（例如唇彩、唇冻、唇釉等）

色彩丰富，带给人心动的光泽和水漾的质感，时尚且迷人，最适合嘴唇比较薄的女性，使其唇形丰厚性感。不适合唇部突出、口轮匝肌凸显、唇部过于丰厚外翻的人。

4. 营养性唇膏

起到保养和修复受损唇部的作用，日常使用可使唇部自然美观。可白天防护，晚上当唇膜用于修复和滋养唇部表皮。有些带有防晒效果的唇膏起到日间防护和润泽的作用，但夜间不要涂抹，容易引起唇炎。

（三）唇妆的步骤

先用打底润唇膏遮盖唇形和唇色，然后按比例从唇角向唇中方向画上唇，这样不会产生唇角下垂的现象，接着保持微笑画下唇，最后用底色、重色、提亮色等着色。

（四）唇的修正

1. 厚唇

用比基础底色暗一个色号的粉底遮盖唇形，再在内唇画线后用暗色唇膏勾勒，不能用唇彩。

2. 唇薄

一般用唇彩进行修饰，也可以选用唇线笔或遮盖力较强的亚光唇膏，用唇刷进行唇形和唇角比例为 1:1.5 的适当拓宽，一般外扩不要超出 0.5mm。嘴唇有非常明确的肌肉组织，如果想改变唇形，需要针对不同场景，如舞台表演、摄影摄像进行妆造设计。总之，唇的修正要凸显嘴唇的饱满度、唇色对面部色彩的提亮效果。

第七节　腮红与修容的化妆技巧

一、腮红的种类

腮红又称胭脂，有粉状、膏状、胭脂水、胭脂棒等。

腮红一般分粉色系和橘色系，皮肤偏白的多用粉色系胭脂，从专业角度来说，有人的肤色是冷色调，有人的肤色是暖色调，所以在粉色系腮红里可进一步选择或调和出适合自己的腮红颜色。皮肤发暗和古铜色多用橘色系腮红，也可以根据皮肤深浅选择浅橙色到深橙再到深棕色腮红，打造贴合自然的妆容。

将腮红涂在脸颊中央或鼻子上会给人可爱和年轻的感觉；涂在颧骨外侧，可以打造时髦感。年轻人适合团式打法，年纪大的人颧骨下垂就不能用团式了，应该沿着颧骨线向鼻翼侧晕染，腮红颜色消失在次提亮区之间。腮红最高不要超过太阳穴，最低不要超过鼻子。腮红和修容最好不要在同一处叠加，需要做好衔接。

深棕色腮红多用于男士，在拍照时可以让妆容更上镜。浅橙色腮红和亚洲人的黄色调肌肤更为和谐。喷涂液态腮红适合广告拍摄和人像摄影等场景，可以打造精致的妆容。膏状腮红适合中性和干性皮肤，不适合油性皮肤，在粉底打底后涂抹，膏状质地可以使妆容更加自然，之后再涂散粉和粉饼定妆。而粉状腮红多用于整个妆效完成后，使人的面色及结构空白有很好的衔接，用在最后对脸型轮廓的修饰，让面部看上去更有立体感。

生活中多用偏带一定光泽的粉状腮红，以提亮肤色。全亚光腮红适合室内拍摄和影视拍摄时使用。

二、腮红的技巧

根据脸型进行腮红修饰，腮红的基本位置如图 7-18 所示。腮红不仅仅是面部多了一抹红霞，更是与面部颧骨修饰、脸色暗影等衔接的关键。因此，腮红的色彩、范围、深浅要根据妆效需求而灵活运用。腮红的位置要有结构修饰的作用，要与暗影部位自然衔接，避免面部侧面颜色单一、膨大等情况发生。

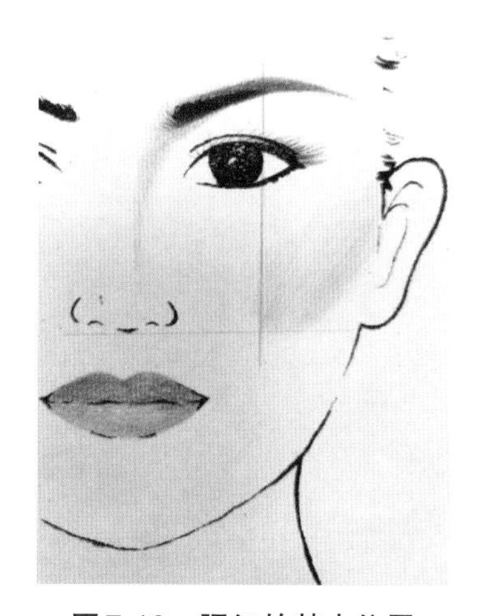

图7-18　腮红的基本位置

三、修容技巧

修容多为粉质修容饼，一般包含一个亚光提亮色和一个亚光暗影色，用于面部 T 区的提亮和面部轮廓的收敛。有些修容还包含一个珠光高光色，用于增加面部的光泽度和面部 T 区的荧光度。

修容是用提亮色和暗影色、高光色等进一步提升面部的立体度和光泽感，以达到视觉上的和谐、美观。修容技巧可归纳为以下三点。

1）让面部的明暗线条更加立体。

2）通过底色的修饰，进一步加强和修补妆效。

3）提升面色光泽度，让面部看上去更加莹润、饱满、健康。

形象教练复盘思考：

1. 如何理解五官与脸型的化妆关系？

2. 面部化妆仅仅是为了放大五官和缩小脸型吗？

3. 面部结构的化妆光影技巧是否离不开扎实的美术功底？

实战篇

第八章　矫正妆的理论与范例

形象教练提问

教学目标：为何要学习矫正妆?

教学现状：如何通过矫正妆来提升面部美观度?

教学方案：如何利用面部结构画出矫正妆?

教学行动：矫正妆的技巧有哪些?

矫正妆是修饰及调整人物面部结构的技巧，这种技巧是对五官比例、色彩定位、面容优势进行分析后，采用扬长避短的光影结构进行调整。与医美整形不同，矫正妆不能实质性做出改变，而是通过妆效将人物的面部框架塑造得既立体美观又协调。矫正妆不仅对人物的肤色及面部结构进行修饰，也对眉、眼、唇的结构进行自然修饰及美化，最重要的是使人面部自然、干净、清透、立体、明确，以符合人物整体设计的需求。

第一节 矫正妆理论

一、概念及示范

本节将综合介绍矫正妆的注意事项和操作中常出现的问题以及解决方法。想把人化得年轻就要把五官化得舒展和精致。

1）脸型线条的基础是直线型的妆容配合直线型的发型与服饰，曲线型的妆容配合曲线型的发型与服饰。

2）素面能让我们最准确地看到这个人的量感，量感包括五官大小和骨骼形态。

3）一个人的线条和量感形成外在形态风格。

4）影响一个人外在形态风格的还有其他因素，比如年龄、阅历、个性。

5）服饰的颜色和人的外在形态风格是一种协调之美。

二、季节型人物风格的化妆方法

（一）春天型人物风格

春天型人物的皮肤白皙干净，白里透红，头发颜色偏浅，瞳孔和眉毛的颜色偏淡，非常适合化淡妆。这类人群的肌肤容易干燥及衰老，容易敏感。不化妆时会显得平淡，没有光彩。

（二）夏天型人物风格

夏天型人物拥有偏小麦色的肌肤，褐色的瞳孔以及比较浓重的眉毛，长且浓密的睫毛，牙齿较白，头发多且浓密。

如果需要化妆师打造此类风格造型，需要马上想到其基本的风格特点，并采取相应的措施，例如打造出健康的肤色、紧实的面部轮廓、时尚浪漫的发型。

（三）秋天型人物风格

秋天型人物温婉、含蓄、成熟、不张扬，具有东方美和田园气质。一般嘴唇颜色不够鲜艳，不化妆看起来有点无精打采或憔悴，所以需要搭配合适的妆容、发型与服饰。有些人偏夏秋风格，适合鲜艳和华丽的妆容；有些人偏秋冬风格，适合柔和的色调，妆容颜色不需要过分饱和，调和的、含蓄优雅的灰色调适合此类风格。

亚洲人大部分是黄色调的肌肤、褐色瞳孔，发色和眉毛多为棕黑色，肤质细腻、有弹性、缺少光泽、偏暗沉且肤色不均匀，混合型肤质较多，易显憔悴和生机不足，适合采用秋天型妆容。

（四）冬天型人物风格

冬天型人物多理性、淡然、深藏不露，有“冷美人”的气质。肤色偏冷白色或冷黄色调，肤质大多很干燥、敏感，易产生干纹，最适合用滋养类和保湿类的护肤品。这类人群的肌肤不那么红润，面部轮廓鲜明，眉毛、眼球、头发都偏黑且显厚重。给人距离感以及骄傲、没有活力、冷漠的印象，有时会有成熟的气质。

为冬天型人物上妆前，先给皮肤做好补水，注重五官刻画后的颜色对比清晰一些，自然的眉形不用过多修饰，可以较深地着色，眼部的色彩也可自然、大方，展现青春的活力。

第二节　矫正妆范例

示例一：女士上镜矫正妆

练习矫正妆是人物造型的基本功，扎实的基本功从绘画练习、人物皮肤色彩定位、五官结构分析、工具掌握、材料应用娴熟等方面体现出来。图8-1—图8-29是女士上镜矫正妆的步骤和效果对比。

化妆师：张彬　模特：曹鑫淼

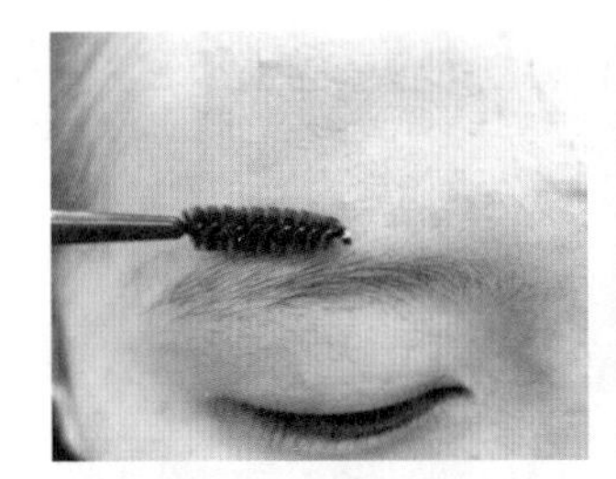

图8-1　妆前修眉

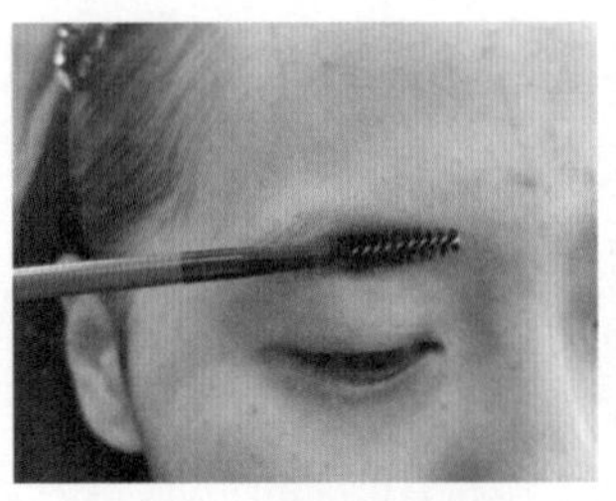

图8-2　整理眉毛

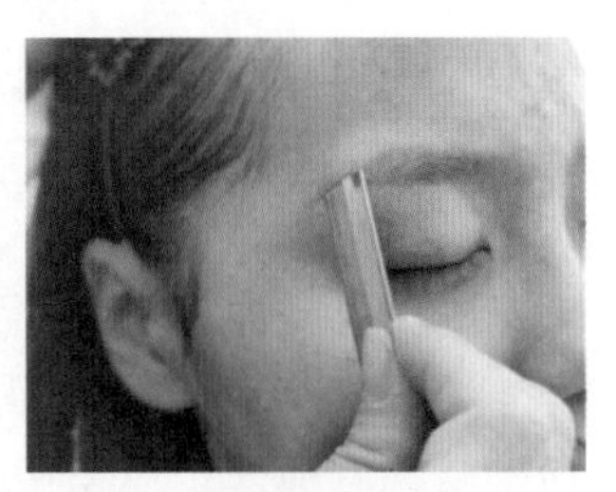

图8-3　用眉刀沿眉毛下边进行修理

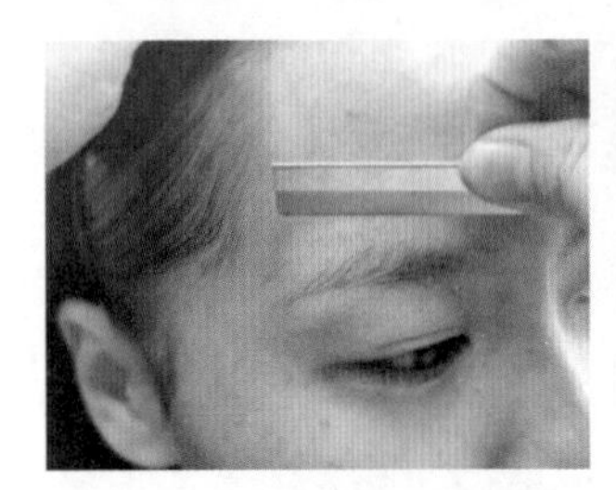

图8-4　对眉毛上边及四周进行修理

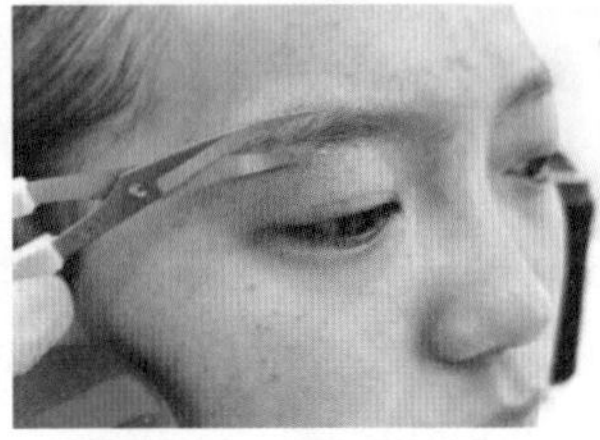

图8-5　修剪眉毛长度

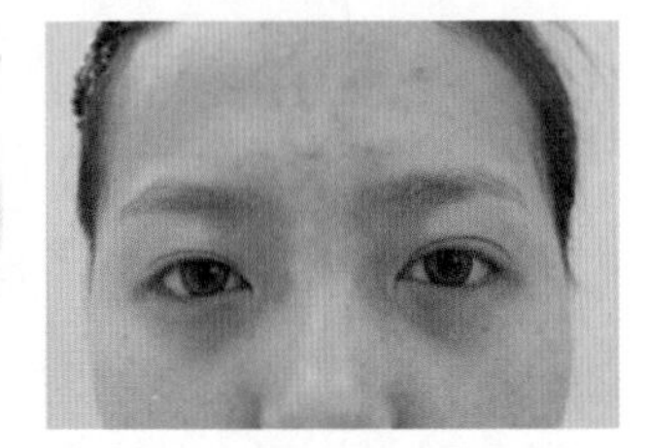

图8-6　眉毛两侧高度基本对称

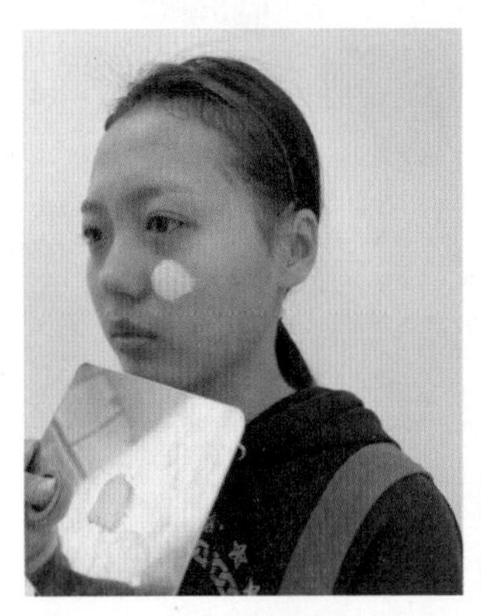

图8-7　妆前护肤后用调肤液来改善肤色

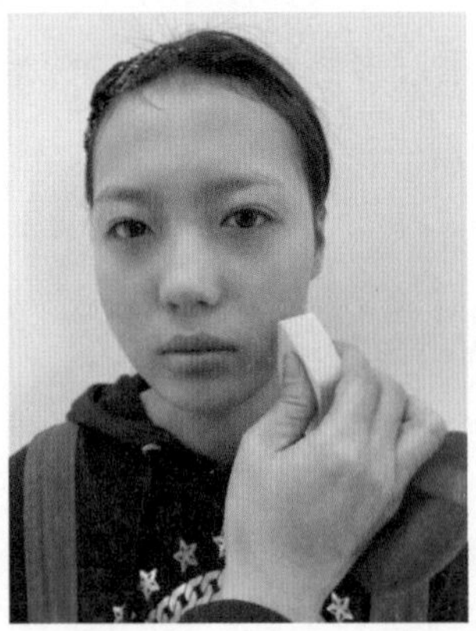

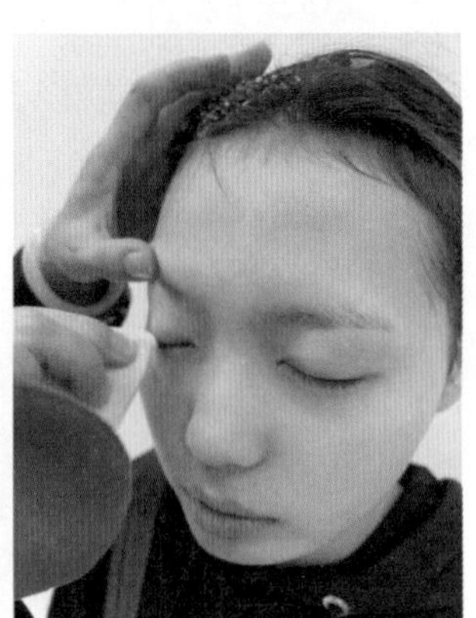

图8-8　用手指或海绵以按压的方式涂抹调肤液

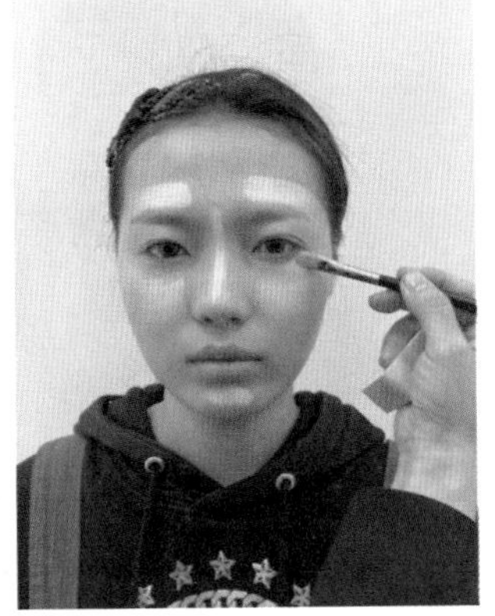
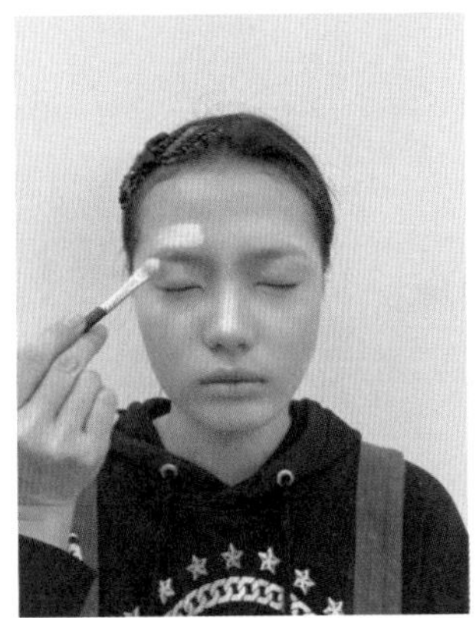

图8-9　用四色遮瑕膏遮眼袋等瑕疵后，用粉底进行T区、眉弓骨、下眼睑、下巴的提亮，在颧骨两侧、鼻侧影、下颌骨边缘打暗影底色

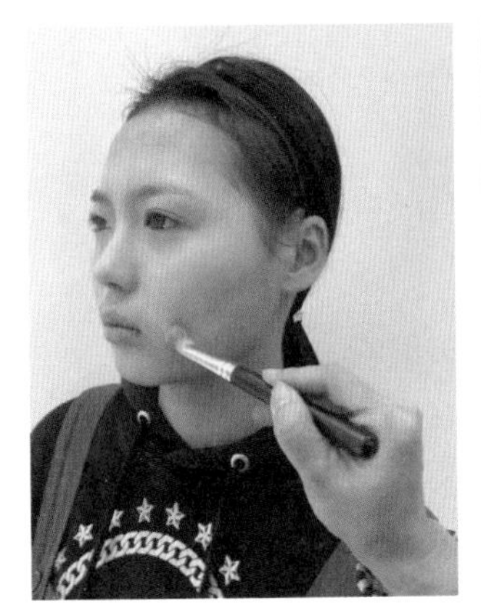

图8-10　做粉底暗影色

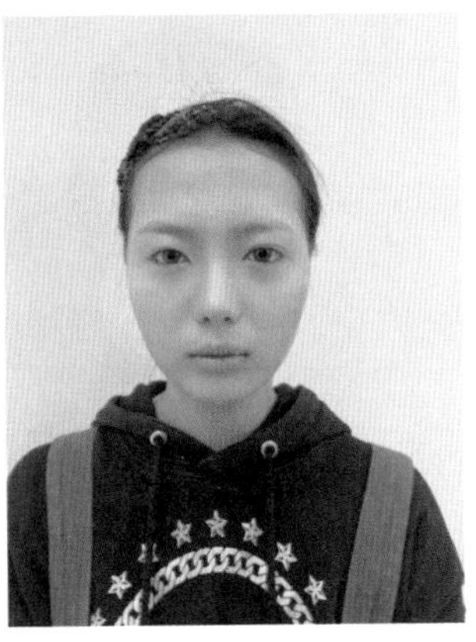

图8-11　底色完成效果

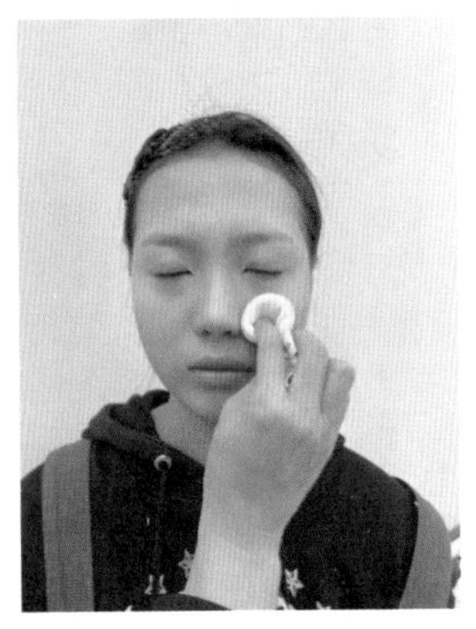

图8-12　用透明散粉定妆

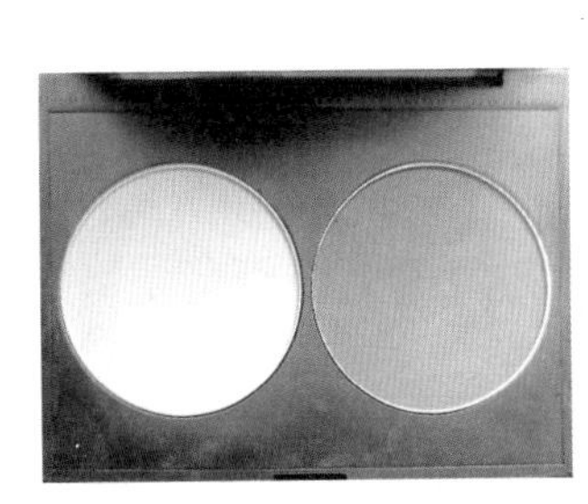
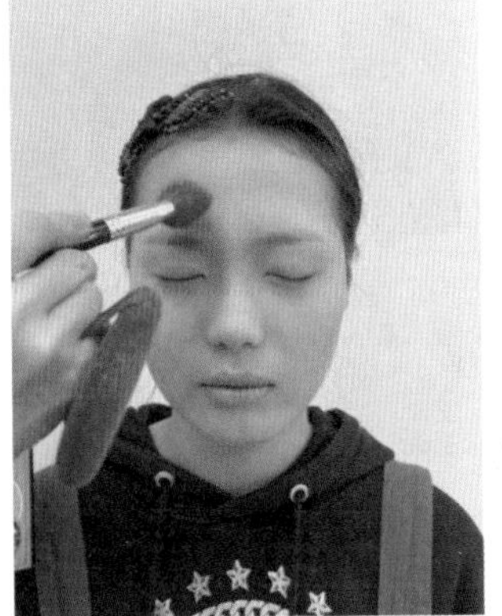
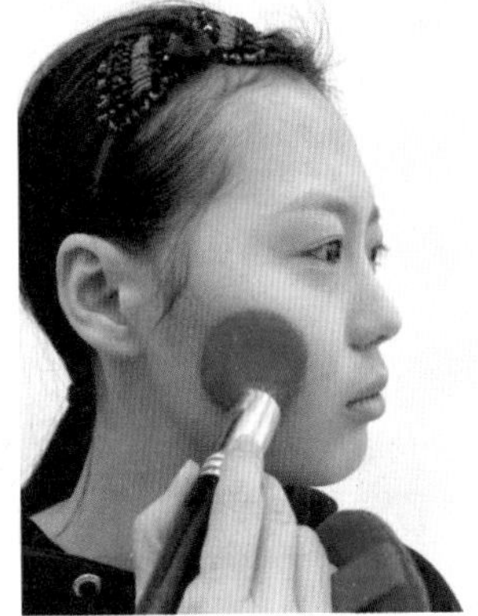

图8-13　用双色修容粉饼修饰提亮区及面部暗影轮廓

图8-14　用接近发色的眉粉对眉毛晕染出下线实、上线虚的效果，并用眉笔勾出眉峰及眉尾

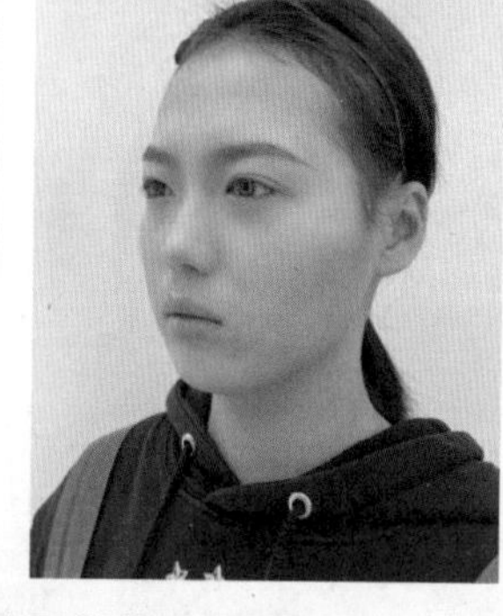

图8-15　两侧观察眉妆的完成效果

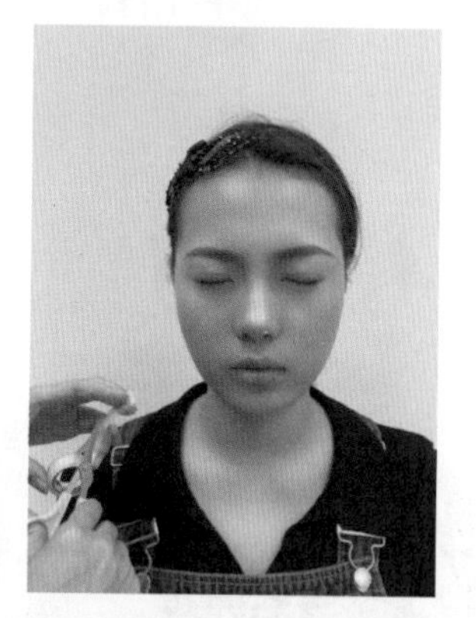

图8-16　进行美目贴的修剪与粘贴

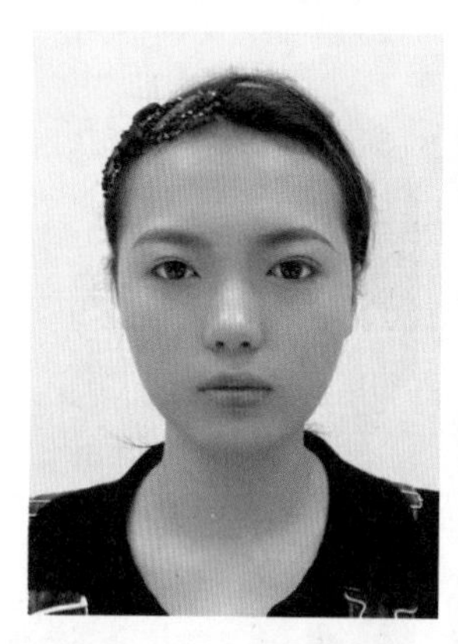

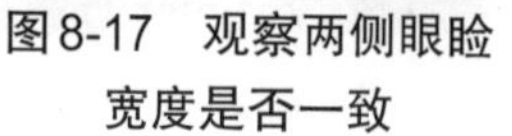

图8-17　观察两侧眼睑宽度是否一致

图8-18　用白色或米色眼影对上眼睑和下眼睑进行整理

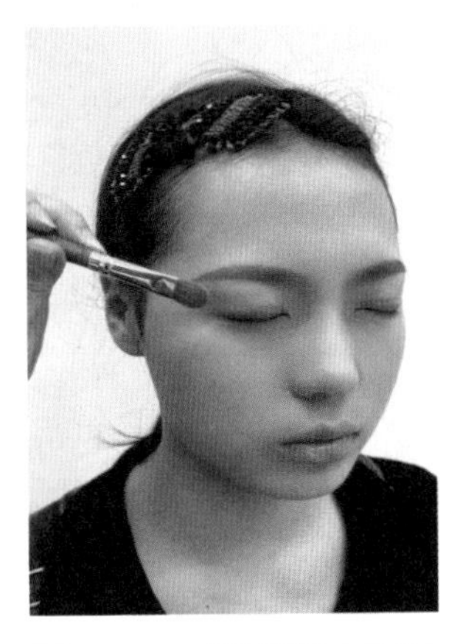

图8-19　对眼部做由深及浅的晕染

图8-20　用眼线笔在睫毛根部进行刻画

图8-21　夹睫毛2~3遍

图8-22　粘贴假睫毛

图8-23　用睫毛膏对真假睫毛进行黏合

图8-24　用眼线液或眼线膏整理眼线

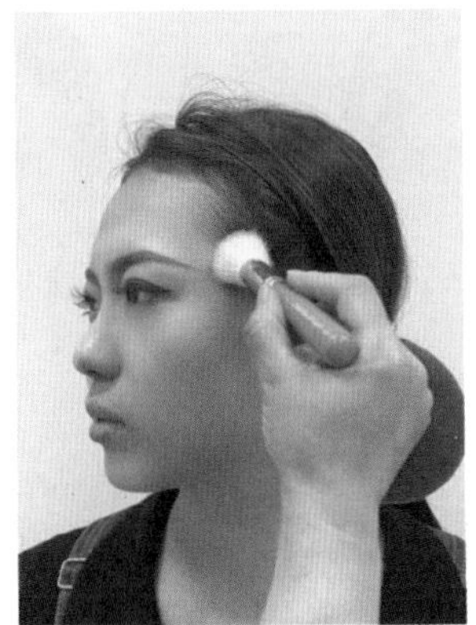

图8-25　腮红要打在发际线、边缘线等位置，使颜色自然衔接

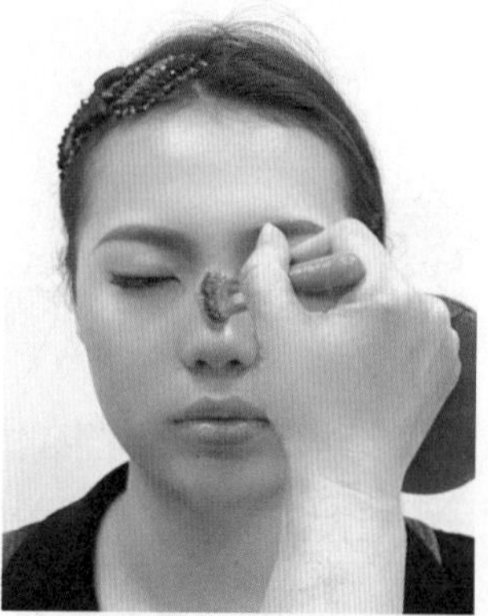
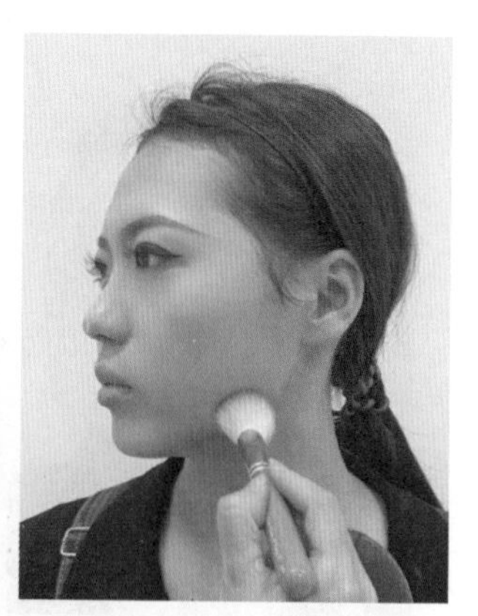

图8-26 使用双修粉再次对面部进行提亮

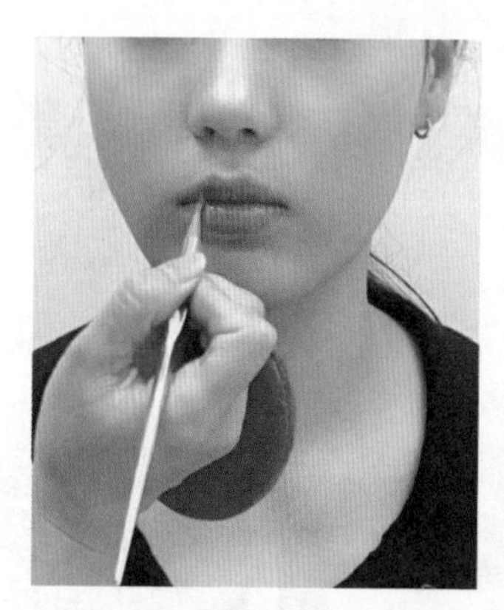

图8-27 按比例调整唇形后，按明暗效果完成唇色妆效

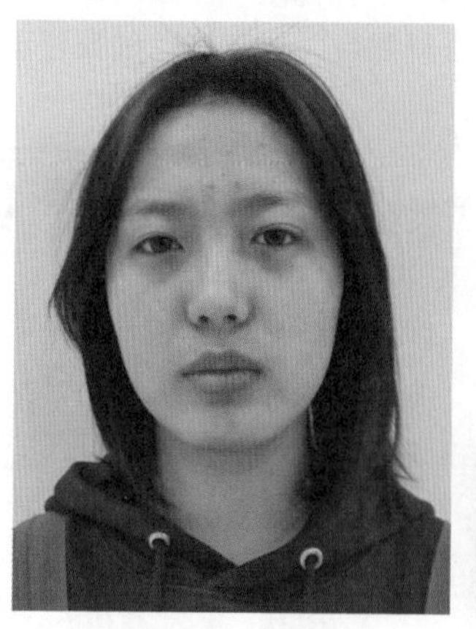

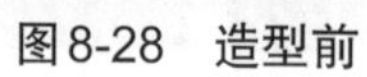

图8-28 造型前　　图8-29 造型后

示例二：男士上镜矫正妆

图 8-30—图 8-40 是男士上镜矫正妆的步骤和效果对比。

化妆师：乔珊　模特：王亮

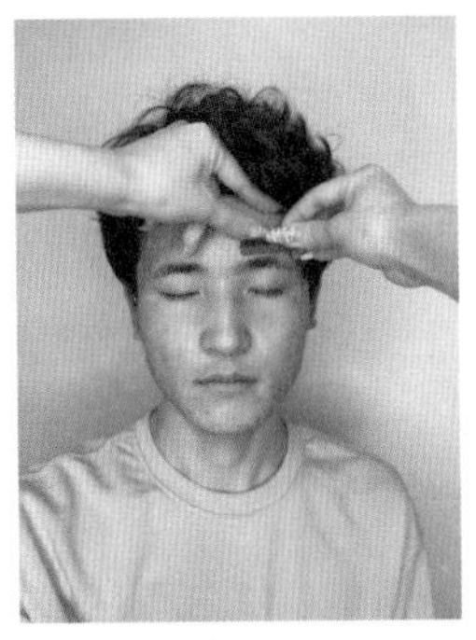
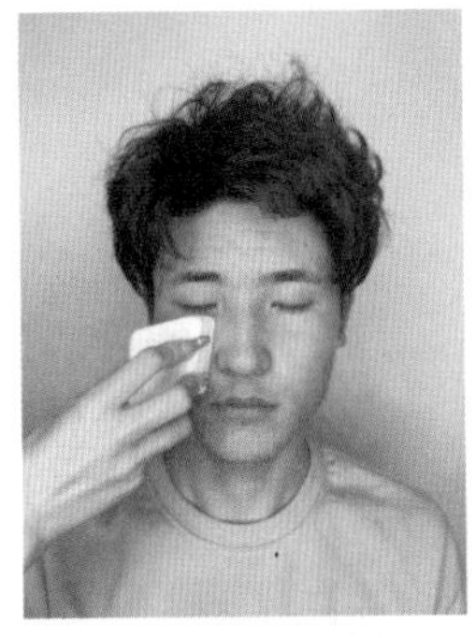
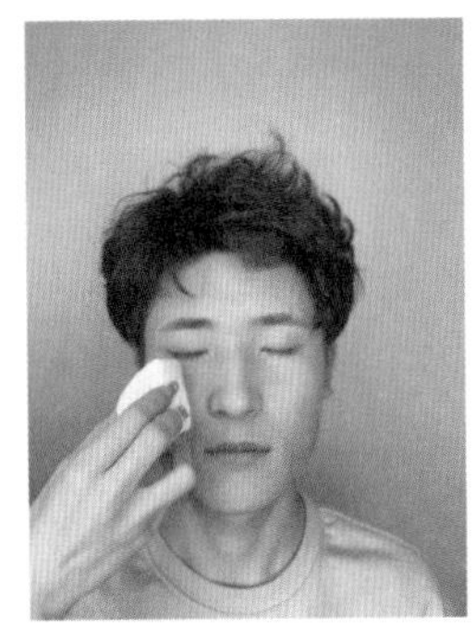

图8-30　完成发型及眉毛整理后，使用毛孔细致液收缩毛孔。选择最贴近肤色的基础粉底进行按压着色

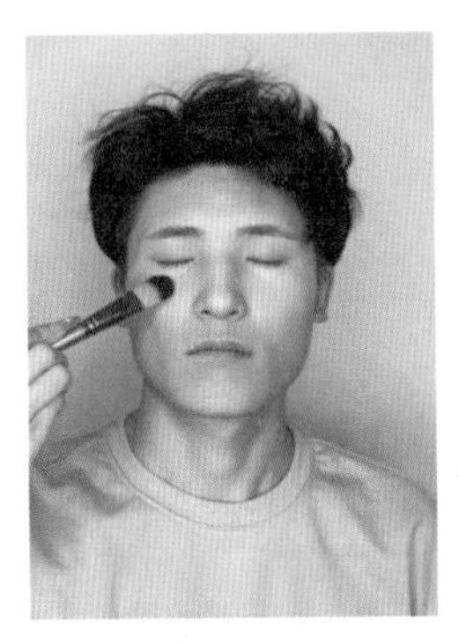
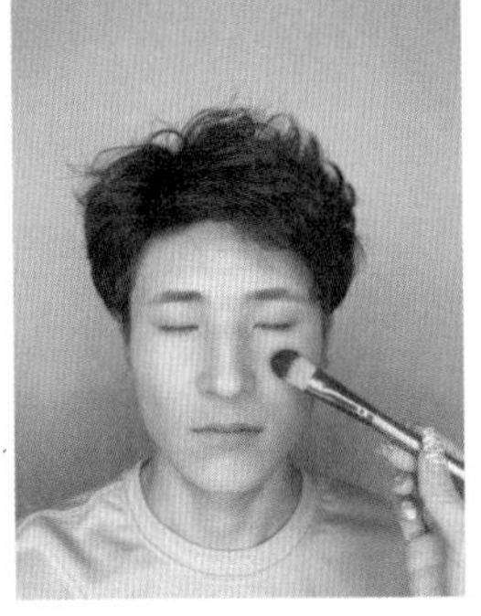
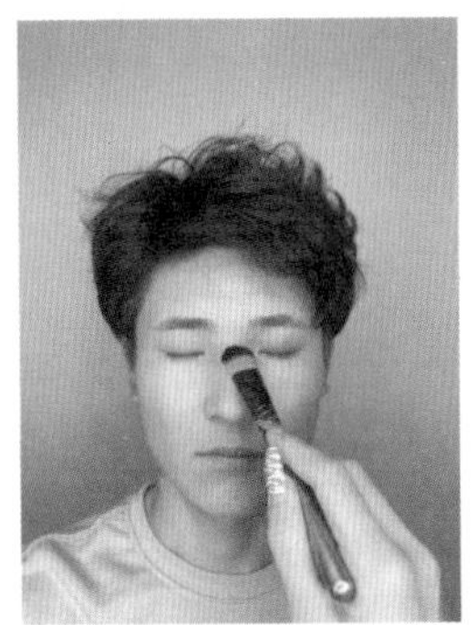

图8-31　选择提亮肤色的粉底进行T区和高光区的提亮

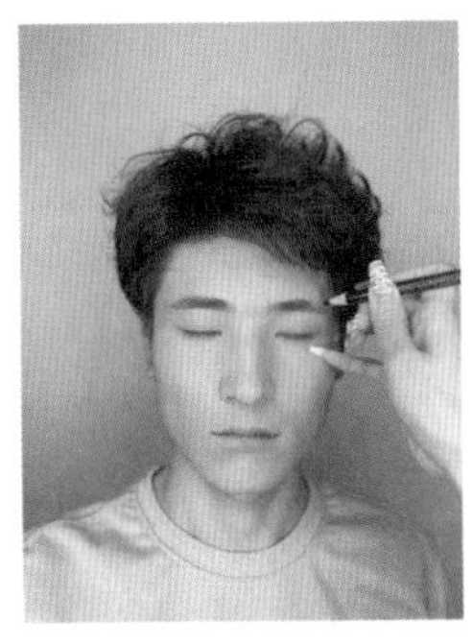
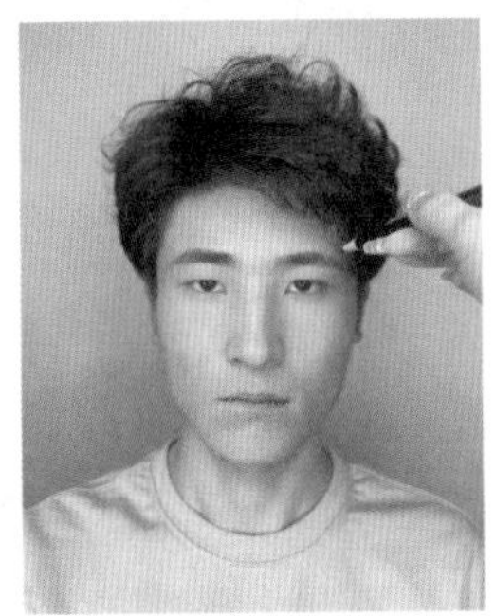
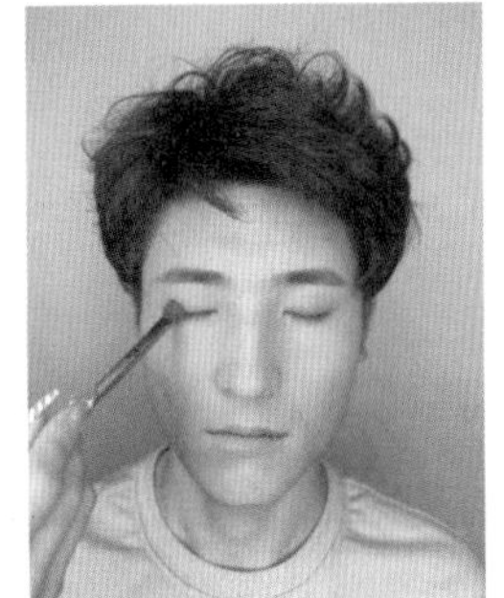

图8-32　对眉毛进行填补及着色

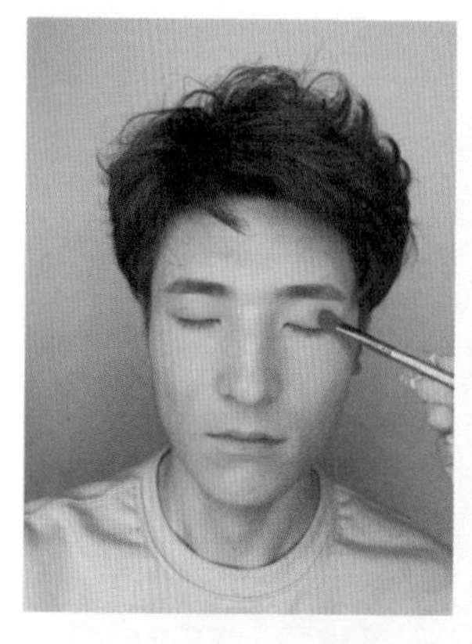
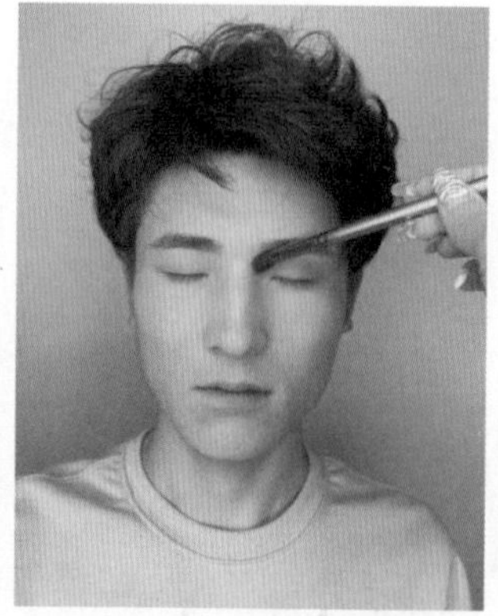
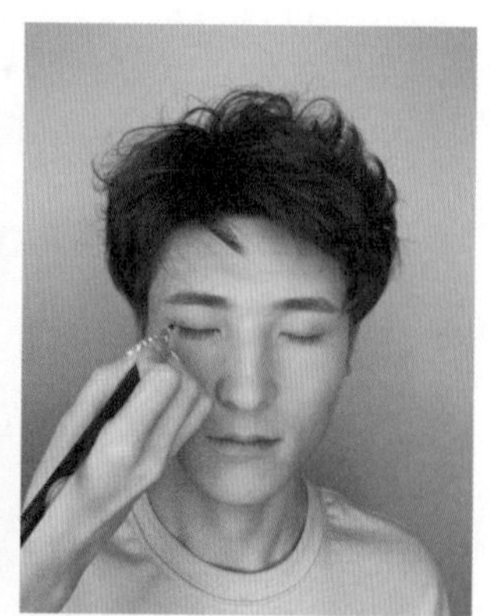

图8-33　眼影结构处理

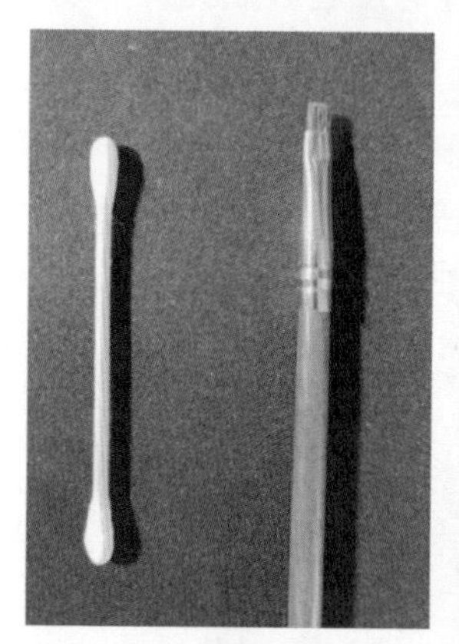

图8-34　准备眼线晕染工具

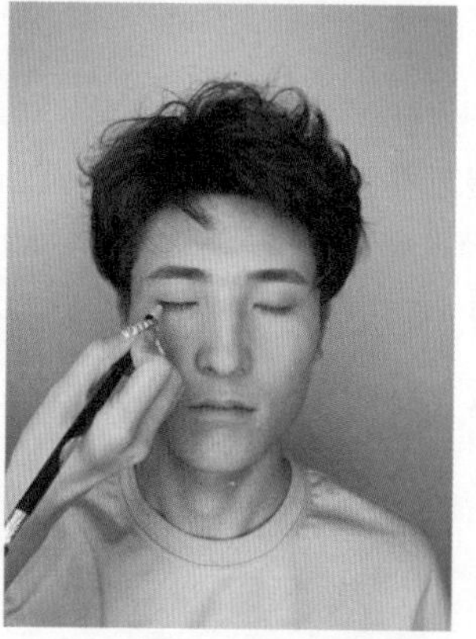

图8-35　进行面部立体修饰

图8-36　化鼻侧影

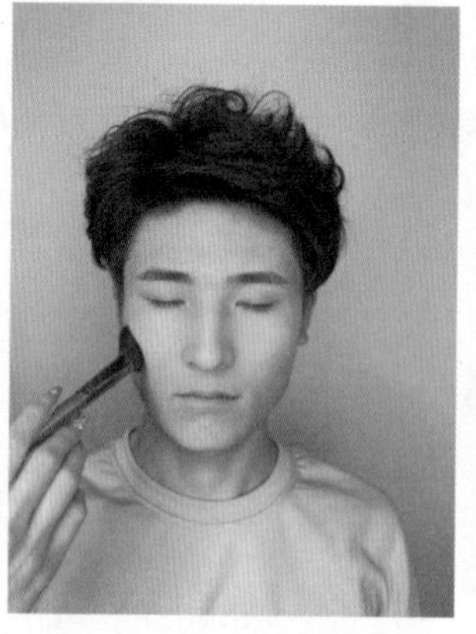

图8-37　男士腮红重点是营造面部立体感

图8-38　自然唇色修饰

图8-39　造型前

图8-40　造型后

形象教练复盘思考：

1. 设计矫正妆之前应如何分享对方面部的结构特点？

2. 化妆是一种美的修养，不仅愉悦自己，更是对他人的一种尊重，如何理解化妆的价值？

3. 为什么说“化妆不是简单的涂脂抹粉，而是一种结构上的扬长避短”？

第九章　形象教练基础素养实训

第一节　美妆素描范例

图9-1　头饰设计小稿1

图9-2　头饰设计小稿2

图9-3　美妆素描饰品设计稿

图9-4　美妆素描饰品设计稿

图9-5　美妆素描人物绘画示范

第二节 优秀学生作品展示

人物造型设计指导：张彬、董芳、王姗姗、臧欣宾。摄影师：魏伟等。模特：河北传媒学院各专业学生。

图9-6 人物造型作品（张楠）

图9-7 人物造型作品（刘博）

图9-8 人物造型作品（许可）

图9-9 人物造型作品（任淑辉）

图9-10 人物造型作品（许可）

图9-11 人物造型作品（杜雪颖）

图9-12　人物造型作品（汪静漪）

图9-13　人物造型作品（侯丽璇）

通过以上案例，我们可以感受到，优秀的人物造型会从好的设计理念中逐一展现出来。以上造型中，透露出一种形象的力量，有的优雅，有的灵动，有的强烈，有的柔美，造型无论是简约还是复杂，都突破了自我思想的束缚，去繁就简品衣识人，让美自然而然地产生，达到和谐后将完美的形象展现出来，让行走中的美感给人以力量与启发。

内心越丰盈，生活越素简。让我们崇尚一种简约而不简单，富有且高品质的至简生活吧！一起为成为简单美好而精神富有的人做好准备吧！

参考文献

[1] 曾参，子思 . 大学 中庸 [M]. 南京：江苏凤凰美术出版社，2015.

[2] 黑格尔 . 美学 [M]. 寇鹏程，编译 . 重庆：重庆出版社，2016.

[3] 宗白华 . 美学散步 [M]. 彩图本 . 上海：上海人民出版社，2015.

[4] 徐家华，张天一 . 化妆基础 [M]. 北京：中国纺织出版社，2009.

[5] 朴吉春 . 好好化妆 [M]. 北京：民主与建设出版社，2001.

[6] 宋策 . 宋策彩妆奇迹 [M]. 北京：中国纺织出版社，2012.

[7] 宋策 . 宋策亚洲风尚美 [M]. 北京：中信出版社，2010.

[8] 小野 . 极简力 [M]. 北京：现代出版社，2016.

[9] 刘悦 . 女性化妆史话 [M]. 天津：百花文艺出版社，2005.

[10] 周岭 . 认知觉醒：开启自我改变的原动力 [M]. 北京：人民邮电出版社，2020.

图书在版编目（CIP）数据

化妆基础素养教程 / 张彬主编. --北京：中国国际广播出版社，2024.10. --ISBN 978-7-5078-5694-1

Ⅰ. TS974.1

中国国家版本馆CIP数据核字第2024YK7870号

化妆基础素养教程

主　　编　张　彬
副 主 编　张　岩　董　芳　王姗姗　闫小宇　乔　珊
策划编辑　刘　丽
责任编辑　韩　蕊
校　　对　张　娜
版式设计　邢秀娟
封面设计　赵冰波

出版发行　中国国际广播出版社有限公司［010-89508207（传真）］
社　　址　北京市丰台区榴乡路88号石榴中心2号楼1701
　　　　　邮编：100079
印　　刷　北京汇瑞嘉合文化发展有限公司

开　　本　710×1000　1/16
字　　数　140千字
印　　张　9
版　　次　2024 年 10 月　北京第一版
印　　次　2024 年 10 月　第一次印刷
定　　价　58.00 元